Floer · Mathematik-Werkstatt

Die Reihe »Werkstattbuch Grundschule«
wird herausgegeben von Dieter Haarmann

Für Angela und Annette

Jürgen Floer

Mathematik-Werkstatt

Lernmaterialien zum Rechnen und Entdecken

Beltz Verlag · Weinheim und Basel

Über den Autor:

Jürgen Floer, Jg. 1939, Dr., Professor an der Universität Dortmund, Arbeitsschwerpunkt: Mathematikunterricht in der Primarstufe.

Lektorat: Peter E. Kalb

Herstellung: Ute Jöst Publikations-Service, Birkenau
Satz: Satz- und Reprotechnik GmbH, Hemsbach
Druck: Druckhaus »Thomas Müntzer«, Bad Langensalza (Thüringen)
Fotos: Jürgen Floer (9), Heike Fuhrmann
Umschlaggestaltung: Atelier Warminski, Büdingen
Umschlagabbildung: Heike Fuhrmann
Printed in Germany

ISBN 3-407-62198-1

Inhalt

Zu diesem Buch

Die Mathematik-Werkstatt: Materialien zum Handeln

Lernmaterialien und Rechenunterricht haben eine lange und enge Beziehung. In Schulmuseen und auf den Dachböden alter Schulen entdeckt man zahlreiche Erfindungen, mit denen unsere Großeltern bereits rechnen gelernt haben – in einer Schule, in der sonst manches anders war als in den Grundschulen von heute.

Vor allem in der Zeit der Reformpädagogik und den folgenden Jahrzehnten sind Materialien und Veranschaulichungshilfen entwickelt worden, die selbst oder deren Nachfolger noch heute gute Dienste tun.

Nicht vergessen werden darf bei einem Rückblick auch die Montessori-Pädagogik, in der Materialien durchgehend eine zentrale Rolle spielen. Da die Begegnung mit Zahlen, Größen und Formen einen wesentlichen Teil der Entwicklung der kindlichen Persönlichkeit ausmacht, ist es nicht verwunderlich, daß diesem Lernbereich besondere Aufmerksamkeit gewidmet wird.

Später dann sind im Zuge der *Neuen Mathematik* auch neue Materialien in die Grundschulen gekommen, die inzwischen weitgehend wieder in Vergessenheit geraten sind. Auch sie aber dienten, unbeschadet der Tatsache, daß wir manche Ansätze aus dieser Zeit heute anders beurteilen, dem ausdrücklichen Ziel, den Kindern beim Denken und Rechnen zu helfen.

Es ist gewiß kein Zufall, daß Lernmaterialien immer dort eine besondere Rolle spielen, wo in der Pädagogik und im Unterricht Selbsttätigkeit und Freiheit des Lernens betont werden. Dies gilt für verschiedene Entwicklungslinien der Reformpädagogik ebenso wie für die Zeit der *Neuen Mathematik* und für gegenwärtige Bemühungen zum *aktiv-entdeckenden* Mathematikunterricht. Diesen Zielen ist auch das Konzept unserer *Mathematik-Werkstatt* verpflichtet.

Einige Leitideen sind in den folgenden Stichworten zusammengefaßt:

- Lernen ist ein *aktiver Prozeß*, bei dem der Lernende die entscheidende Rolle spielt. Wissen wird nicht vermittelt, sondern aktiv-entdeckend aufgebaut.
- Der Aufbau von *Denkstrukturen* stützt sich wesentlich auf *strukturierte* Handlungen mit geeignetem Material. Die zentrale Bedeutung von Lernmaterialien liegt darin, daß sie die konkrete Basis für die Entwicklung von Vorstellungsbildern und damit für begriffliches Denken schaffen.
- Jedes Kind lernt anders. Daher kann der Unterricht nicht für alle auf gleichen Wegen im gleichen Tempo zu gleichen Zielen führen. Das eine Kind braucht länger die Stützen des Materials, das andere kann sich leicht und schnell von ihm lösen.

Differenzierung kann nur von den individuellen Lernprozessen her geplant werden.
- Entdeckendes Lernen braucht Freiraum zum Probieren und Experimentieren, für eigene Wege, auch für eigene Fehler. Es ist untrennbar verbunden mit *offenem Unterricht* und offenen Lernsituationen. Ein Unterricht, der in kleinen Schritten vorangeht, sich eng an einen Lehrgang bindet, sich ängstlich an den Zahlenraum hält, der gerade auf dem Plan steht, ein solcher Unterricht läßt für Entdeckungen wenig Chancen.
- Bei allen individuellen Unterschieden (und gerade deshalb!) ist Lernen ein *soziales Geschehen*. Mit und von anderen zu lernen, Rücksicht zu nehmen und zu erfahren, zu helfen und sich helfen zu lassen – für dies alles muß im Unterricht Platz sein.

Der Werkstattcharakter bedingt, daß theoretische Fragen nur in Stichworten angesprochen werden können. Weder eine Psychologie der Lernmaterialien, in der insbesondere die Entstehung von Vorstellungsbildern und kognitiven Strukturen analysiert werden müßte, noch eine Pädagogik und Didaktik handlungsorientierten Unterrichts können im Rahmen dieses Buches ausgearbeitet werden. Zu beiden sind im den letzten Jahren wichtige Ansätze entstanden, die gute Chancen für die zukünftige Entwicklung der Grundschule bieten. Da gute Beispiele nicht nur die Praxis, sondern auch die Theorie voranbringen können, hoffe ich, daß die gesammelten Vorschläge durchaus ein kleiner Beitrag zur Reform der Grundschule und zu neuen Formen des Lernens sein können.

In einer Werkstatt braucht man Lernmaterialien, die vielseitig und flexibel eingesetzt werden können. Sie dürfen den Unterrichtsgang nicht vorschreiben und einengen, sondern sollen den Kindern und der Lehrerin helfen, ihre Ziele auf ihren Wegen zu erreichen. Diese Ziele und Wege können sich in vielfacher Hinsicht unterscheiden:

- im Verhältnis von konkreten, bildlichen und formalen Darstellungen und dem Zeitpunkt des Übergangs von einer Darstellung zu einer anderen
- in der Betonung verschiedener Rechenwege
- in den Sozialformen des Lernens, insbesondere dem Anteil von Einzelarbeit, Gruppenarbeit und gemeinsamer Arbeit mit der ganzen Klasse
- in der Gewichtung des Kopfrechnens und halbschriftlicher Verfahren gegenüber schriftlichen Standardverfahren.

Materialien zum Lernen

Der Begriff *Lernmaterialien* muß dabei in zweifacher Hinsicht abgegrenzt werden. Zum einen sind solche Materialien gemeint, die gezielt für das Lernen entwickelt und gestaltet worden sind. Solche – durchaus künstlichen – Materialien sind für das Lernen unentbehrlich, ohne daß sie andere Erfahrungen verdrängen sollen, die Kinder auch außerhalb des Unterrichts machen können. Die Murmeln aus der Spielzeugkiste, die Schäfchen auf der Wiese, die Kinder auf dem Schulhof – dies alles kann zu vielen arithmetischen Fragen führen, über die Kinder nachdenken sollten.

Aber diese »natürlichen« Materialien haben auch ihre engen Grenzen. Sie sind nicht immer gerade dann verfügbar, wenn man sie braucht. Zudem ist es oft schwierig, die Handlungen mit ihnen durchzuführen, aus denen sich arithmetische Einsichten ergeben. Die 48 Schäfchen werden sich kaum einmal so aufstellen, daß man schnell sieht, daß es 40+8 oder 8·6 oder 9·5 und noch 3 sind. Solche Einsichten können Kinder vielleicht mit kleinen Schäfchen aus Holz gewinnen – das aber wäre wiederum ein *künstliches* Material.

Auch in anderer Richtung ist eine Abgrenzung notwendig. Hinter vielen Vorschlägen für Lernmaterialien steht eine ziemlich schlichte Vorstellung vom Lernen. Es wird gepuzzelt, gestöpselt, geklammert oder getippt – und wenn die Kinder dabei die richtige Antwort erwischt haben, dann paßt das Puzzlestück, der Stöpsel findet sein Loch, die Klammer sitzt bei der richtigen Farbe. Dies ist sicher noch kein aktiv-entdeckendes Lernen. Freie Arbeit und Öffnung des Unterrichts werden durch solche Materialien eher vorgetäuscht als gefördert, manchmal sogar behindert. Wenn ein Kind unter vorgegebenen Lösungen die richtige auswählt (oder auch nicht) und dies durch irgendeinen Mechanismus bestätigt wird, ist dies kaum eine *Lernhilfe*. Für die Kinder, die keine Schwierigkeiten mit den jeweiligen Aufgaben haben, mag dies durchaus ein Erfolgserlebnis sein. Die anderen Kinder aber erfahren dabei keineswegs, *warum* ihr Ergebnis falsch ist und *wie* sie zum richtigen Ergebnis kommen können.

Lernmaterialien, die tatsächlich beim Lernen helfen, müssen mehr leisten als die einfache Darbietung und Kontrolle von Aufgaben. Sie sollten vor allem das Denken und Rechnen stützen. Dies kann in zweifacher Weise geschehen: zum einen dadurch, daß grundlegende Darstellungen von Zahlen wie Felder, Reihen, Skalen aufgegriffen werden, zum anderen durch die Schaffung von Beziehungen zwischen verschiedenen Aufgaben und Einsichten. Diese beiden Zielsetzungen bestimmen auch wesentlich die Auswahl der in diesem Buch gesammelten Vorschläge.

Dabei soll kein Katalog verbreiteter Materialien entstehen. Es gibt sicher viele weitere (mehr oder weniger) gute Materialien, und die Einschätzung wird immer subjektiv sein. Wo sie der Lehrerin nützlich erscheinen, sollte sie sie einsetzen. Sehr schädlich wäre eine enge oder gar ideologische Sicht. Der hier vertretene Ansatz ist bewußt offen gestaltet:

- offen gegenüber anderen Materialien
- offen für unterschiedliche Konzepte und Lehrgänge
- offen auch für Weiterentwicklungen.

Grundlegende Materialien müssen ihre Kraft in jeder Lernumgebung unter Beweis stellen. Ihr Wert ist unabhängig davon, ob die Lehrerin sich für ganzheitliche Zugänge entscheidet oder mehr behutsamen Schritten vertraut, ob sie einem Schulbuch folgt oder einen eigenen Weg geht, ob ihr Unterricht von eher traditionellen Vorstellungen geprägt oder von neueren Ansätzen beeinflußt ist.

Materialien für die Praxis

Der Schwerpunkt des Buches liegt auf *konstruktiven Vorschlägen* für den Unterricht. Nur in der Praxis können wir weiterkommen. Dies ist durchaus keine Geringschätzung der Theorie – ohne sie geht es sicher auch nicht. Aber am Schreibtisch läßt sich vieles ausdenken, seine Bewährungsprobe muß es in der Klasse bestehen.

Wenn man sich in der Didaktik umsieht, kann man durchaus den Eindruck gewinnen, daß wir in der theoretischen Analyse von Lernprozessen und ihren Schwierigkeiten weiter sind als in der praktischen Umsetzung dieser Einsichten. So notwendig es ist, etwa über Kognitionspsychologie, Interaktionsprozesse oder Theorien des Unterrichts nachzudenken – der Unterricht wird nur dann verbessert, wenn es gelingt, diese neuen Einsichten in eine neue Praxis umzusetzen.

Das vorliegende Buch ist entstanden aus langjährigem Bemühen um den Mathematikunterricht in der Grundschule, wobei die Verbindung von Theorie und Praxis durchgehend das Ziel gewesen ist. Dabei haben die Probleme der Kinder eine besondere Rolle gespielt, denen das Lernen schwerfällt. Gerade für sie sind Lernmaterialien unentbehrlich. Die anderen Kinder lernen vieles auch ohne spezielle Hilfen, mit ihnen aber gewiß nicht schlechter.

In unserer Werkstatt läßt es sich nicht vermeiden, daß für die Lehrerin einige Arbeit bleibt. Wer echte Lernmaterialien für unentbehrlich hält, der wird sich nicht mit Kopiervorlagen oder anderen schnell »für den nächsten Tag« herstellbaren Materialien begnügen. Zwischen der guten Idee und einem schönen Lernmaterial liegen oft einige Stunden Bastelarbeit. Manche Materialien kann man zwar fertig erwerben, aber dies ist nicht immer ein Ersatz für die Produkte, in die die eigenen kreativen Einfälle bei der Herstellung und Gestaltung eingegangen sind. (Zudem macht die Arbeit mit Schere, Säge, Leim und Farbe Spaß – der Verfasser kann es bezeugen.) Aktiv-entdeckendes Lernen kann nur mit Materialien gelingen, die auch *Aktivitäten* ermöglichen. Es wäre schade, wenn sich die Handlungen darauf beschränken würden, Plättchen aus Pappe oder Kunststoff auf eine Kopiervorlage zu legen oder Punkte in einem Feld auszugrenzen. Etwas mehr Aktivitäten wären schon gut und würden auch das Entdecken erleichtern. Beim Lernen mit Händen, Herz und Kopf dürfen die Hände nicht zu kurz kommen, zudem sollte das Herz sich an schönen Materialien erfreuen können.

Dank an viele

In ein Buch, das über mehrere Jahre hinweg entstanden ist, gehen viele Einflüsse ein, deren Quellen am Ende nur noch schwer auszumachen sind und die sich zudem nicht immer mit Personen verbinden lassen. So gibt es sicher eine Vielzahl von Menschen, denen ich zu Dank verpflichtet bin, ohne daß mir dies selbst bewußt ist. Sie sind bei denen, die ich ausdrücklich erwähne, mit einbezogen.

Danken möchte ich vor allem den Kindern und ihren Lehrerinnen und Lehrern sowie den Studentinnen und Studenten, von und mit denen ich viel gelernt habe. Mein Dank gilt auch meinen Kolleginnen und Kollegen im Institut für Didaktik der Mathematik an der Universität Dortmund. Auch wenn die Arbeiten teilweise unterschiedliche Akzente haben und nicht immer zu den gleichen Ergebnissen führen, so steht hinter ihnen doch dieselbe Überzeugung, daß nur aktives und entdeckendes Lernen Chancen für die Weiterentwicklung des Mathematikunterrichts bietet. Dieser Geist hat auch das vorliegende Buch entscheidend mitgeprägt.

Danken möchte ich auch Herrn Franz-Josef Kuhn und Frau Annette Eichholtz vom Spectra-Verlag, mit denen ich viele Stunden darüber nachgedacht und diskutiert habe, wie Materialien helfen können, Lernen durch Handeln zu ermöglichen. Daß daraus dann einige Verlagsprodukte eines Programms *mathe konkret* entstanden sind, ist in diesem Zusammenhang nicht entscheidend, es soll aber auch nicht verschwiegen werden. Wir hoffen, daß Anregungen zum aktiv-entdeckenden Lernen auf diese Weise weitere Verbreitung finden.

Zu besonderem Dank verpflichtet bin ich zwei guten Freunden: meinem Kollegen Manfred Möller für kritische und konstruktive Anregungen in vielen Gesprächen und Reinhard Forthaus für lange Jahre fruchtbarer Zusammenarbeit und gemeinsamen Nachdenkens vor allem während seiner Zeit als Rektor einer Grundschule.

Keineswegs vergessen möchte ich Susanne Unverfehrt, die mir in vielfacher Weise bei der Erprobung der Materialien geholfen hat. Insbesondere hat sie die meisten der Szenen möglich gemacht, die Heike Fuhrmann in Bildern festgehalten hat. Auch ihr gilt mein Dank.

Die vorgestellten Materialien sind – sofern nicht andere Quellen angegeben sind – Entwicklungen des Autors und als solche urheberrechtlich geschützt. Der Nachbau für den Einsatz im eigenen Unterricht ist natürlich gestattet und erwünscht. Über Rückmeldungen würde ich mich freuen.

1. Lernmaterialien in der Grundschule: Einige pädagogische und psychologische Anmerkungen

Wie zu jeder guten Werkstatt gehört auch zur Grundschulwerkstatt ein wenig Theorie. Daher sollen in diesem Abschnitt einige Stichworte zum Hintergrund des Einsatzes von Materialien angesprochen werden. »*Es gibt nichts Praktischeres als eine gute Theorie.*« Dieser Satz des Pädagogen F.W. Dörpfeld (1824–1893) ist eine sehr schöne Beschreibung des Zusammenspiels von Theorie und Praxis.

Ohne ein theoretisches Konzept sind die Bemühungen der Praxis in der Gefahr, zum blinden Handeln zu werden. Wenn man nicht weiß, zu welchen Zielen man kommen will und welche Wege dorthin führen, kann man schlecht eine Wanderung planen. So ist es auch bei der Planung von Mathematikunterricht notwendig, über Lernziele und Lernprozesse nachzudenken, insbesondere darüber, wie Materialien beim Lernen helfen können. Einige Stichworte zu lernpsychologischen und pädagogischen Fragen werden in diesem Abschnitt gesammelt.

Entwicklungen in der Mathematikdidaktik

Zur Orientierung ist ein kurzer Blick auf die Entwicklungen der letzten Jahrzehnte nützlich. Bis etwa 1970 war der traditionelle Rechenunterricht geprägt von den Bemühungen, Kindern das Rechnen einsichtig zu machen und mit seiner Hilfe die »*Rechenfälle des Alltags*« zu bewältigen. Wer eine alte Methodik (etwa von Gerlach, 1914; Kühnel, 1916; J. Wittmann, 1929) zur Hand nimmt, findet darin vieles, was auch heute noch durchaus beherzigenswert ist. Dies gilt auch für die stärker lern- und entwicklungspsychologisch geprägten Weiterentwicklungen der fünfziger und sechziger Jahre, in denen insbesondere der Einfluß Piagets deutlich ist. (Fricke, 1959; Oehl, 1962; Karaschewski, 1966/1970)

Keineswegs beschränkten sich die Bemühungen der traditionellen Methodik auf die Vermittlung formaler Fertigkeiten, immer ging es vor allem um das *Verständnis* für Zahlen und Rechenoperationen. So findet man schon in diesen älteren Konzepten viele Ansätze, die auch heute noch zum guten Bestand des Mathematikunterrichts gehören. Sicher ist in der Praxis – damals wie heute – manches hinter den theoretischen Vorstellungen zurückgeblieben, aber auch alte Schulbücher zeigen, daß der Unterricht damals durchaus nicht in blindem Drill bestand. Eine Pädagogik, die sich auf behavioristische Reiz-Reaktions-Theorien stützte, hat es in Deutschland (anders als etwa in den USA) glücklicherweise nicht gegeben, was wiederum natürlich nicht ausschließt, daß sich der Unterricht oft an zu einfachen Vorstellungen vom Lernen orientiert hat und noch immer orientiert.

Abb. 1.1: Fingerrechenmaschine (Wlecke)

So ist es kein Zufall, daß auch die Suche nach hilfreichen Lernmaterialien eine lange Tradition hat. Zahlen wurden durch Zahlbilder dargestellt und mit Hilfe von aufgereihten Perlen, Rechenstäben, Steckbrettern, Rechenrahmen konkretisiert und greifbar gemacht. Ebenfalls aus früher Zeit stammen lineare und flächenhafte Veranschaulichungen, vor allem Hunderterreihen und Hunderterfelder. (Einen guten Überblick über die historischen Entwicklungen geben Radatz/Schipper, 1983.)

Nicht vergessen werden dürfen die Materialien, die in der Montessori-Pädagogik für das Rechnen entwickelt worden sind, auch wenn sie leider nur in ziemlich geringem Ausmaß den Unterricht in den Regelschulen beeinflußt haben.

Hinter allen diesen Materialien steht die Überzeugung, daß Kinder handelnd lernen müssen und daß das Rechnen keinesfalls auf den Umgang mit Zahlzeichen reduziert werden darf. Das Ziel war und ist es nicht, Zahlensätze durch häufige Wiederholung auswendig zu lernen, sondern Zahlvorstellungen aufzubauen und Verständnis für Rechenoperationen zu entwickeln. Diese Ziele haben nichts von ihrer Bedeutung verloren, und viele Vorschläge, die sich heute finden, greifen auf frühe Wurzeln zurück und führen sie fort.

Einige Lernmaterialien aus alter Zeit sollen kurz angesprochen werden. Sie zei-

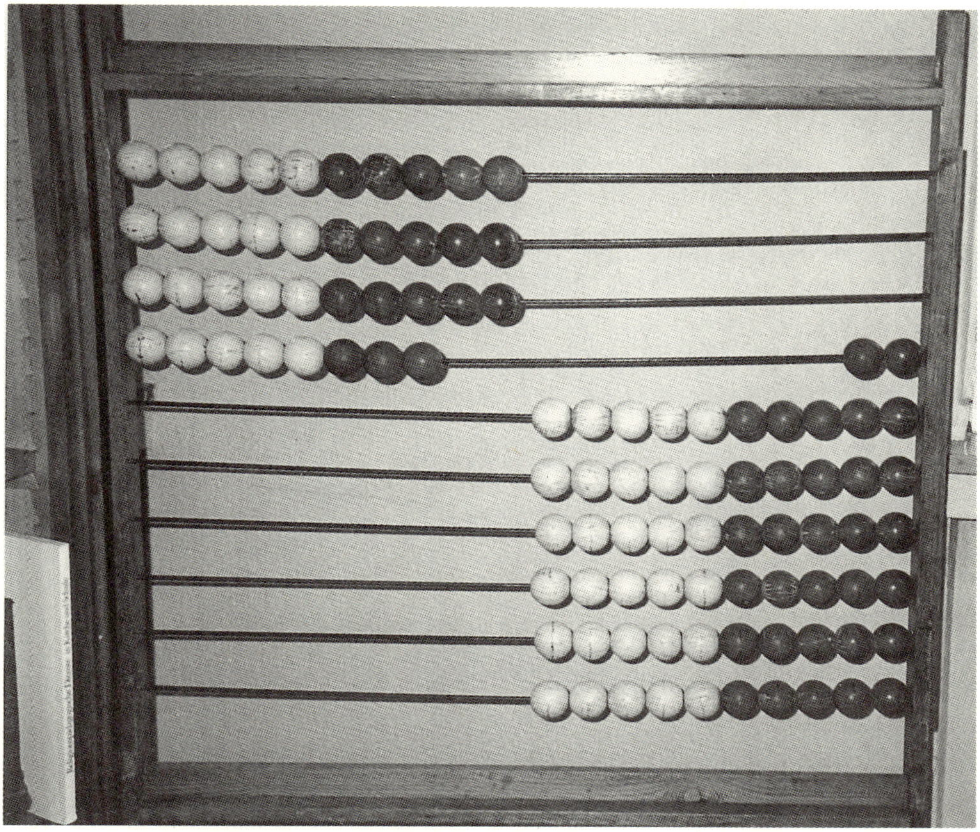

Abb. 1.2: *Ein Rechenrahmen aus alter Zeit*

gen, daß es auch im traditionellen Rechenunterricht nicht nur Murmeln, Plättchen und Stäbchen als Lernhilfen gab, sondern z.T. außerordentlich einfallsreiche Erfindungen. Vieles davon ist inzwischen in Vergessenheit geraten, und es wäre sicher reizvoll, es wiederzuentdecken. (Vielleicht liegen auf manchen Schulböden noch Materialien aus alter Zeit.)

Die folgenden Beispiele habe ich im Westfälischen Schulmuseum in Dortmund gefunden, dessen Leiter, Herrn Löher, ich für seine Unterstützung herzlich danke.

- Für kleine Zahlen gibt es vielfältige Anstrengungen, sie durch Hervorhebung der Fünfer- und Zehnergliederung zu strukturieren und sie so leichter erfaßbar zu machen und dabei nicht nur auf das Zählen angewiesen zu sein.
  Eine besonders schöne Erfindung zeigt die Abbildung 1.1. Sie besteht aus zwei »Händen« mit »Fingern« aus Metall, die rot oder weiß eingestellt werden können. So können die Kinder an den Fingern rechnen und haben dennoch die Hände frei. Zudem stehen zwei Farben zur Unterscheidung der Zahlen zur Verfügung – das ist doch viel praktischer, als seine eigenen Finger zu färben. Das Gerät ist schon 1919 von einem Lehrer namens Wlecke zum Patent angemeldet worden und hat in den

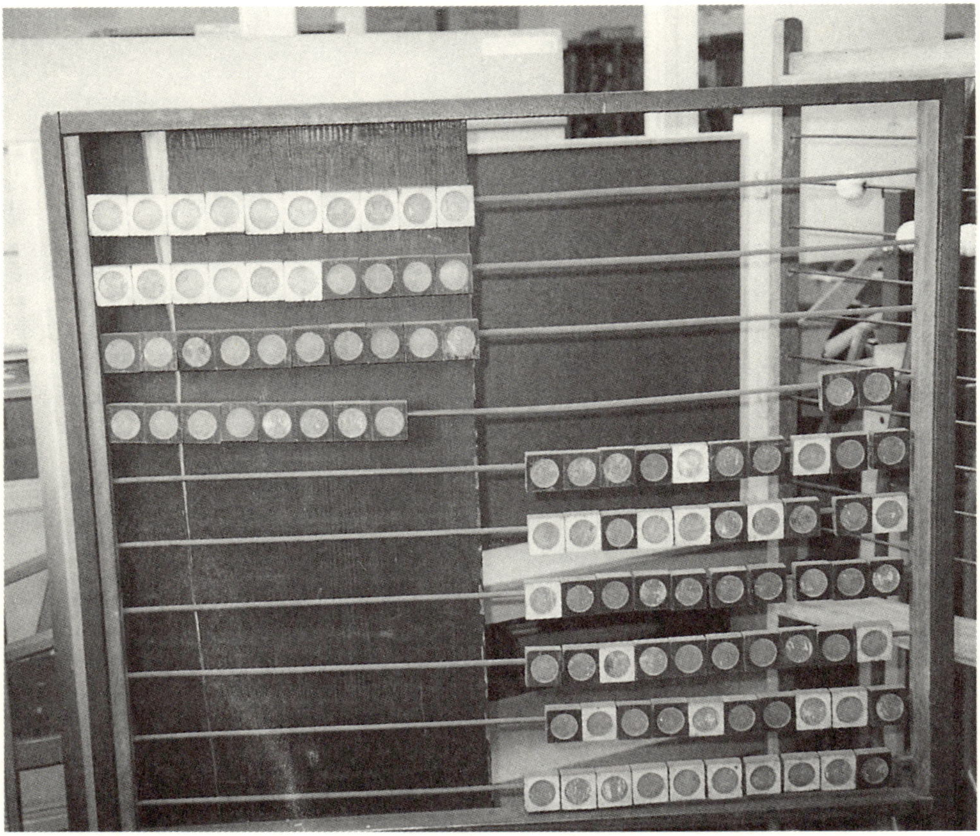

Abb. 1.3: Rechenmaschine mit einstellbaren Farben

folgenden Jahrzehnten offenbar weite Verbreitung erfahren. (Es gab sogar Leasingangebote für Schulen, die sich die Anschaffung nicht leisten konnten. Die Raten wurden bei einem späteren Kauf angerechnet.)

- Seit Tillich (1806) sind Rechenstäbe bekannt, die später in verschiedener Weise mit Farben, Kerben, Zahlbildern versehen worden sind (Kernsche Rechenstäbe, Cuisenaire-Stäbe). Dieselbe Grundidee, Zahlen durch Längen darzustellen, steckt in den Perlenstangen von Brinkmann (1964), die man in verwandter Form auch als Montessori-Material findet.
- Für die Arbeit mit größeren Zahlen werden Perlen, Klötze o.ä. in Reihen oder Feldern gegliedert. So entstehen Steckbretter oder der altbekannte Rechenrahmen (*»Russische Rechenmaschine«*) – Materialien, die auch heute noch gute Dienste leisten können (Abb. 1.2, S. 15).

  Dabei gibt es auch schon eine Reihe von Versuchen, den einfachen Rechenrahmen so zu verändern, daß zumindest zwei verschiedene Farben eingestellt werden können. Dies gelingt durch die besondere geometrische Gestaltung der Zahlkörper oder der Aufhängung (Abb. 1.3).
- Eine recht aufwendige Hundertertafel hat Fuhrmann (1949) entwickelt. (Abb. 1.4)

Abb. 1.4: Fuhrmanns Rechenschieber

Auf einer großen Holzplatte befinden sich hundert rote Kreise. Über jede Zehnerreihe können dann zwei Sperrholzbretter geschoben werden, so daß beispielsweise bei Additionsaufgaben rote und blaue Kreise, bei der Subtraktion durchgestrichene Kreise sichtbar sind. Im praktischen Gebrauch erweist sich das Gerät allerdings als etwas unhandlich und erfordert mittelschwere körperliche Arbeit.

- Eine einfallsreiche Erfindung, etwa um 1960 entstanden und noch heute im Handel, zeigt die Abbildung 1.5 (S. 18). Die hundert kleinen »*Flügel*« können einzeln oder in Zehnern mit einer Fingerbewegung in eine andere Lage gebracht werden, so daß farbige Kreisscheiben oder Ringe sichtbar werden, teils rote, teils gelbe. Allerdings gibt es beim Rechnen einige Schwierigkeiten, da das Kind immer alle hundert Flügel vor Augen hat und zudem verschiedene Zahlen nicht in verschiedenen Farben dargestellt werden können.
- Als bildliche Darstellungen entstehen vor allem Hundertertafeln und -felder, leer, mit Punkten oder mit Zahlen. Sie sind seit dem letzten Jahrhundert (J. Heer, 1836) als Lernmaterialien verbreitet. Kühnel (1916) hat sie in Verbindung mit Pappstreifen eingesetzt, durch die sich Teile des Feldes auf- und abdecken lassen.
- Diese bildlichen Darstellungen sind auch für den Tausenderraum weiterentwickelt

Abb. 1.5: Eine Rechenmaschine »mit Flügeln«

worden. Schon Kühnel verwendet ein Feld mit tausend Punkten. In abgewandelter Form findet man das Tausenderfeld später bei Oehl (1962) und in den von ihm herausgegebenen Schulbüchern *Die Welt der Zahl.*

- Andere Materialien konkretisieren die lineare Anordnung der Zahlen. Auf der Haaseschen Rechenlatte (Abb. 1.6) sind Zahlkörper so drehbar aufgesteckt, daß eine rote oder grüne Fläche vorn erscheinen kann. Dies ist für die Darstellung von Rechenoperationen außerordentlich vorteilhaft.
- Knefelis Rechenkipper bestehen aus 100 linear angeordneten Klötzen, die nach vorn oder hinten gekippt werden können. Auf diese Weise lassen sich die Zahlen, die addiert oder subtrahiert werden sollen, an der unterschiedlichen Stellung der Kipper erkennen (Abb. 1.7, S. 20).

Die Beispiele machen deutlich, wie sehr sich schon die alten Rechenmethodiker um die Ausbildung strukturierter Zahlvorstellungen bemüht haben. Sie hatten mit denselben Problemen zu kämpfen wie ihre Kolleginnen und Kollegen heute. Manches können wir auch bei unseren Anstrengungen um aktiv-entdeckendes Lernen durchaus noch von ihnen lernen.

Abb. 1.6: Haasesche Rechenlatte

»Neue Mathematik« – ein Zwischenspiel

In den siebziger Jahren hat dann der Mathematikunterricht wohl zum ersten Mal Schlagzeilen in einer breiteren Öffentlichkeit gemacht. Vor allem waren es neue Inhalte wie die (berüchtigte) »*Mengenlehre*«, die Lehrer und Eltern verschreckt haben. Was sich unter dieser Oberfläche verändert hat, ist dabei kaum wahrgenommen worden. Ein Blick in die Lehrpläne der damaligen Zeit zeigt jedoch, daß der Kern der Reform der »*Neuen Mathematik*« nicht in neuen Inhalten, sondern in einer neuen Sicht des Lernens lag. Einige Stichworte aus dem Lehrplan für Nordrhein-Westfalen von 1973 machen dies deutlich:

- *Bedeutung allgemeiner Lernziele (z.B. Fähigkeit zum Argumentieren, kreatives Verhalten, Mathematisieren),*
- *genetisches Lernen,*
- *Lernen in Zusammenhängen,*
- *Problemorientierung,*
- *praxisorientiertes Lernen und Erschließung der Umwelt,*
- *Bedeutung didaktischer Materialien, bildhafter Darstellungen, guter Spiele und anregender Übungsformen,*
- *Differenzierung aufgrund der unterschiedlichen Lernvoraussetzungen, Möglichkeiten und Schwierigkeiten des einzelnen Kindes.*

Abb. 1.7: Knefelis Rechenkipper

Diese Stichworte haben bis heute nichts von ihrer Bedeutung verloren und finden sich auch in allen neueren Lehrplänen. Sicher wird man rückblickend die Frage anders beurteilen, ob es richtig war, diese Ziele mit (zu vielen) neuen Inhalten zu verbinden. Aber es wäre ungerecht, die Neue Mathematik nach den formalistischen Auswüchsen zu beurteilen, die stellenweise daraus geworden sind. Die Spiele mit bunten Plättchen beispielsweise sollten keineswegs Mengensymbole und -sprache in die Grundschule bringen, sondern den Kindern im Spiel mathematische Grunderfahrungen zugänglich machen und ein Fundament für den Umgang mit Zahlen legen. Die Idee, daß Kinder konkret-handelnd mathematische Entdeckungen machen können, ist nach wie vor faszinierend. Sie wird noch fruchtbarer, wenn man sie vom mengentheoretischen Hintergrund löst und sie statt dessen in der Arithmetik und der Geometrie verwirklicht. Insofern hat auch die Neue Mathematik das Bewußtsein für die Bedeutung von Materialien für das Lernen geschärft. In vielen Materialien, die später angesprochen werden, wird ihr Einfluß sichtbar. Ein schönes Beispiel sind die von Dienes entwickelten Mehrsystemblöcke (Abb. 1.8).

Wohin haben die Entwicklungen geführt? Es ist nicht verwunderlich, daß auch die erneute Reform manchmal ebenso verkürzt als »Abschaffung der Mengenlehre« und ein »Zurück zum guten alten Rechnen« (»Back to basics«) zur Kenntnis genommen

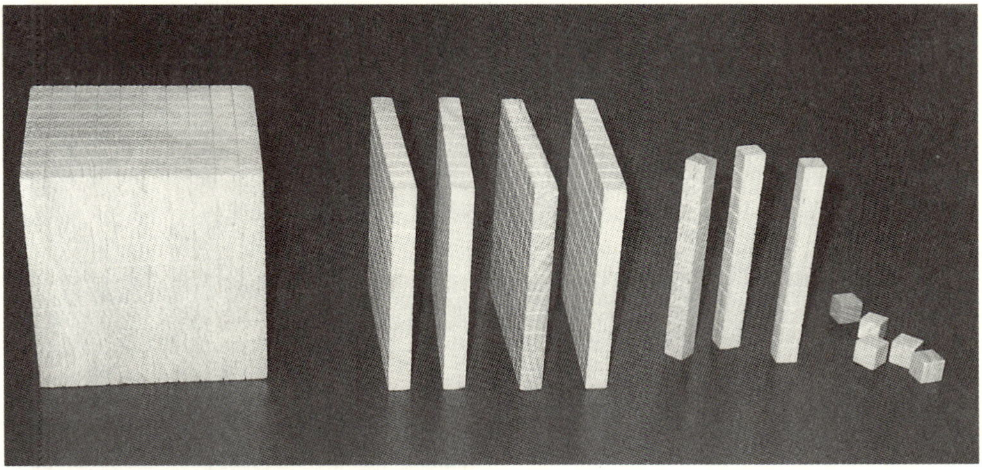

Abb. 1.8: Mehrsystemblöcke (Dienes)

worden ist. Aber so einfach ist es nicht. Eine Neubesinnung auf fundamentale mathematische Ideen in der Arithmetik, der Geometrie und im Sachrechnen ist sicher ein wichtiges Anliegen der gegenwärtigen Lehrpläne. Aber dies ist nicht dadurch zu verwirklichen, daß der Unterricht sich auf das Training von Rechenfertigkeiten beschränkt. Entdeckendes Lernen, einsichtiges Üben, die Erschließung der Umwelt – dies alles wäre so nicht zu erreichen. Die Entwicklungen der letzten Jahrzehnte haben uns in der Theorie wie in der Praxis nicht zurück-, sondern weitergeführt in eine Richtung, die auch für die Zukunft gute Chancen eröffnet.

Dabei ist der Schwerpunkt der Diskussion verlagert von inhaltlichen Fragen auf die Analyse von Lehr- und Lernprozessen und die Veränderung des Unterrichts zu mehr Offenheit und Freiheit. Beides wirft auch ein neues Licht auf die Bedeutung von Lernmaterialien. Dies soll im folgenden genauer geklärt werden.

Neue Einsichten in den Lernprozeß

Wie Unterricht aussieht oder aussehen sollte, hängt untrennbar damit zusammen, welche Vorstellungen wir vom Lernprozeß haben. Was spielt sich ab, wenn ein Kind »rechnen lernt«? Nach allem, was wir heute über dieses Geschehen wissen, ist dies kein technischer Vorgang, an dessen Ende die einen das Ziel erreichen, die anderen eben nicht. Es ist keineswegs so, daß ein Repertoire von Einzelkenntnissen (notfalls durch hinreichenden Drill) erworben wird. Vielmehr ist die Entdeckung der Arithmetik ein sehr komplexer Prozeß, bei dem der Lernende die entscheidende Rolle spielt. In seinem Kopf müssen Einsicht und Verständnis aufgebaut und Beziehungen zwischen diesen Einsichten hergestellt werden.

Wie aber kommt das Rechnen in den Kopf? Diese Frage ist leicht zu stellen, aber sie zu beantworten ist noch niemandem gelungen. Philosophen und Psychologen, in den letzten Jahrzehnten auch Computerwissenschaftler versuchen, das Geheimnis des Denkens – und Rechnen ist ein Teil davon – zu lösen. Wenn schon eine theoretische Klärung nicht möglich ist, kann es vielleicht weiterhelfen, sich ein Bild dieses Vorgangs zu machen.

Wie kommt das Rechnen in den Kopf?

- Wie die Kartoffeln in die Tüte, Stück für Stück, bis sie voll ist?
- Wie das Salz in die Suppe, Körnchen für Körnchen?
- Wie das Schiff in die Flasche, kunstvoll vorgeplant und dann auf wundersame Weise entfaltet?
- Wie das Programm in den Computer, klug erdacht und getestet, bis es fehlerlos funktioniert?
- Oder gar wie die Liebe ins Herz – keiner weiß, wie es geschieht und doch ist das Herz plötzlich voll?
- Oder wie sonst?

Alle diese Bilder können nicht verdeutlichen, wie ein Mensch denken und rechnen lernt. Vor allem verleiten sie zu der falschen Vorstellung, daß etwas Vor-Gefertigtes in den Kopf gelangt. Tatsächlich haben solche Vorstellungen eine lange Tradition, die sich manchmal noch in unserer Sprache verrät: dem Kind etwas *beibringen*, *einprägen* oder gar *eintrichtern*. Auch die psychologischen Theorien, die Lernen als Aufbau von immer komplexeren Reiz-Reaktions-Mustern zu erklären versuchen, haben denselben Kern.

Neue Vorstellungen vom Lernprozeß dagegen stimmen darin überein, daß sie Lernen als konstruktiven Prozeß beschreiben, der dadurch gekennzeichnet ist, daß der Lernende selbst ein Netz von Einsichten aufbaut. In seinem Kopf entstehen »Strukturen«, »kognitive Schemata«, »mentale Modelle« (oder wie immer man es nennen mag). Dies ist auch der Grund dafür, daß die oben gesammelten Bilder für den Weg des Rechnens in den Kopf nicht sehr viel weiterhelfen.

Im Rahmen unserer Stichworte können wir auf diese Fragen nicht weiter eingehen. Einen guten, allgemeinverständlichen Überblick über den Stand der Kognitionsforschung findet man in dem Buch von Gardner (1989).

Diese neuen Einsichten in das Wesen von Lernprozessen haben auch Konsequenzen für den alltäglichen Unterricht. Es wird deutlich, daß es beim Rechnenlernen um mehr geht als um den Erwerb einer hinreichend großen Sammlung von Aufgaben und Ergebnissen – notfalls durch Drill. Zum Glück haben solche mechanischen Konzepte in Deutschland auch in der traditionellen Rechenmethodik niemals eine besondere Rolle gespielt. Im Gegenteil: Die Warnung vor Mechanisierung und Schematisierung ohne Einsicht zieht sich durch alle Konzeptionen des Rechen- und Mathematikunterrichts seit dem Beginn dieses Jahrhunderts. An diese Traditionen können wir anknüpfen und sie weiterentwickeln. Viele Bemühungen um Einsicht und Verständnis erscheinen dabei durchaus in einem neuen Licht.

Entdeckendes Lernen

Die skizzierte Sicht vom Lernen und Denken hat in der Mathematikdidaktik ihren Niederschlag in der durchgehenden Forderung nach aktivem und entdeckendem Lernen gefunden, die sich als Leitidee in allen neueren Lehrplänen und didaktischen Analysen findet. Dies ist gewiß nicht nur ein gerade aktuelles Schlagwort, sondern Ausdruck der Überzeugung, daß Kinder nur *einsichtig* und *selbsttätig* erfolgreich lernen können. Lernen vollzieht sich nicht in der Weise, daß etwas Fertiges mitgeteilt oder übergeben wird. Es ist vielmehr ein Prozeß, bei dem der Lernende die entscheidende Rolle spielt: Er erfaßt und begreift etwas, gewinnt Einsichten, verbindet sie mit anderen, teilt sie mit.

Die Wege des Entdeckens sind so vielfältig wie die Menschen, die daran beteiligt sind. Daher wird die Frage nach Möglichkeiten der *Differenzierung* zu einer besonderen Herausforderung. Im Mittelpunkt steht dabei das einzelne Kind: seine Auseinandersetzung mit einem Stück Mathematik, seine subjektiven Vorstellungen, auch seine Fehler. (Beispiele für diese Auseinandersetzung findet man bei Ginsburg, 1977, und Hughes, 1986.)

Für das entdeckende Lernen gibt es viele gute Gründe (vgl. etwa Winter, 1987, Wittmann, 1990). Nur Einsichten, die man aktiv und oft mit erheblichen Anstrengungen gewonnen hat, können zu dauerhaftem Besitz werden, bei Bedarf eingesetzt und auch auf neue Situationen übertragen werden.

Natürlich ist das Entscheidende, wie wir das entdeckende Lernen in den Schulalltag umsetzen. Es soll ja nicht nur etwas für besondere Anlässe sein. Jedes Stück Mathematik kann zu einem Feld für Entdeckungen werden. Aber entdeckendes Lernen erfordert Geduld und Zeit. Kinder wie Lehrer müssen lernen, damit umzugehen. Vor allem ändert sich die Rolle des Lernenden: Er übernimmt mehr Verantwortung für sein eigenes Lernen, sie wird ihm auch vom Lehrer nicht abgenommen. Entsprechend verändert sich die Rolle des Lehrers. Er »vermittelt« nicht Wissen, sondern regt Lernen an und hilft dabei.

Lernen auf verschiedenen Ebenen

Wäre Mathematik nur abstrakt in Zeichen und Formeln zu entdecken, dann gäbe es für jüngere Kinder nur wenig Chancen, an diesem Geschehen teilzuhaben. Zum Glück aber sind die Formen des Denkens und Lernens vielfältiger. Denken kann sich auch in Handlungen und Bildern vollziehen, und gerade für jüngere Kinder sind diese Repräsentationsformen besonders wichtig. Daher ist es notwendig, die daraus sich ergebenden Möglichkeiten genauer zu analysieren.

Auch ohne ausgearbeiteten lernpsychologischen Hintergrund sprechen viele Erfahrungen dafür, daß Lernen mit allen Sinnen geschieht. So ziehen sich auch Schlagworte, die das Lernen mit Händen, Augen, Herz und Kopf in unterschiedlichen Gewichtungen betonen, durch die ältere und neuere Pädagogik.

Besondere Stützen für diese Ansätze finden sich in der Psychologie Piagets, in der *Handlungen* eine zentrale Rolle spielen. Das Stadium der *konkreten Operationen* ist eine entscheidende Phase in der Entwicklung der Intelligenz. Konkrete Handlungen sind die Grundlage für Abstraktion und Verinnerlichung. Die so entstandenen kognitiven Operationen sind die Bausteine intelligenten Verhaltens. Dieses Stadium fällt weitgehend mit der Grundschulzeit zusammen, und so ist es kein Zufall, daß der Einfluß Piagets auf die didaktischen Konzepte für die Grundschule erheblich war und in weniger auffälliger Form noch immer ist. Auch wenn manches, was bei Piaget *erkenntnistheoretischen* Charakter hat, oft allzu einfach und verkürzt in didaktische Modelle oder gar Handlungsanweisungen umgemünzt worden ist, haben seine Grundideen nichts von ihrer Bedeutung verloren.

Dies gilt insbesondere für das auf Piaget zurückgehende Prinzip des operativen Lernens. Etwas zu verstehen bedeutet danach, kognitive Operationen und Operationssysteme aufzubauen, durch die ein Netz von vielfältig verknüpften Einsichten geschaffen wird. Dieser Ansatz hat weitreichende didaktische Konsequenzen (vgl. Aebli, 1985). Für den Mathematikunterricht hat Wittmann (1985, S. 9) das operative Prinzip folgendermaßen präzisiert:

> »*Objekte* erfassen bedeutet, zu erforschen, wie sie *konstruiert* sind und wie sie sich *verhalten*, wenn auf sie *Operationen* (Transformationen, Handlungen ...) ausgeübt werden. Daher muß man im Lern- oder Erkenntnisprozeß in systematischer Weise
>
> 1. untersuchen, welche *Operationen* ausführbar und wie sie miteinander verknüpft sind,
> 2. herausfinden, welche *Eigenschaften* und *Beziehungen* den Objekten durch Konstruktion *aufgeprägt* werden,
> 3. beobachten, welche *Wirkungen* Operationen auf *Eigenschaften* und *Beziehungen* der Objekte haben (Was geschieht mit ..., wenn ...?)«.

Vor diesem Hintergrund wird wiederum die Bedeutung von Lernmaterialien deutlich. Sie stellen die Objekte dar, mit denen Operationen ausgeführt und auf ihre Wirkungen hin untersucht werden. Sie schaffen so die Handlungsbasis und lenken den Blick auf Beziehungen. »Was passiert, wenn ...?« Allerdings braucht man dazu *geeignete* Materialien und muß *sinnvoll* damit umgehen. Das Material muß solche Handlungen erlauben, die Einsichten und Beziehungen stiften. Zudem soll es helfen, *Vorstellungsbilder* auszubilden, die auch noch nach der Lösung vom konkreten Material als Strategien des Denkens verfügbar bleiben.

Um Mißverständnissen vorzubeugen, eine Anmerkung, was operatives Lernen *nicht* bedeutet: Es geht nicht um ein unstetes Hin und Her, bei dem verläßliches Wissen verlorengeht. Gerade durch das Herausarbeiten von Beziehungen wird das Lernen gestützt und erleichtert, durch die Beweglichkeit gewinnt es Sicherheit. (Die bekannte Anekdote, daß die Kinder mit der Aufgabe 8+7 zwar viele andere Aufgaben verbinden, aber nicht wissen, daß sich 15 ergibt, ist keine zutreffende Beschreibung operativen Lernens.)

Um Lernen auf verschiedenen Ebenen geht es auch bei den mit dem Namen Bruner verbundenen *Repräsentationsformen* des Wissens. Erwerb und Verarbeitung des Wissens kann sich *enaktiv* in Handlungen, *ikonisch* in Bildern und *symbolisch* in Zeichen vollziehen. Dieser als EIS-Prinzip in der Didaktik bekannte Ansatz sollte allerdings nicht als Vorschrift einer festen Stufenfolge für den Unterricht verstanden werden. Keinesfalls ist es so, daß jedes Lernen bei Handlungen beginnen muß und von dort über bildliche Veranschaulichungen zum Umgang mit Symbolen voranschreitet. Wohl aber ist es hilfreich zu sehen, daß *fundamentale Ideen* in verschiedenen Darstellungen zugänglich sind und *»in intellektuell redlicher Weise«* (Bruner, 1970) vermittelt werden können. In diesem Sinne eröffnen gerade auf Handlungen und Bilder gestützte Zugänge für jüngere Kinder besondere Möglichkeiten zum einsichtigen Lernen. Der Umgang mit Symbolen ist im Mathematikunterricht zwar nicht zu umgehen, aber er darf keinesfalls allein im Mittelpunkt stehen und die Arbeit in anderen Darstellungsformen an den Rand drängen. Dieselbe Grundidee kann im Laufe der Schulzeit wiederholt erarbeitet werden – eben in verschiedenen Darstellungen (Spiralprinzip). In vielen Fällen ist es für Symbolisierung und Verbalisierung auch später noch früh genug.

Sowohl aus den Ansätzen von Piaget wie von Bruner ergeben sich Konsequenzen für das Mathematiklernen in der Grundschule, speziell für die Frage nach der Bedeutung von *Lernmaterialien*. Sie sind unverzichtbar als Material, mit dem Kinder konkrete Handlungen ausführen. Sie sind um so hilfreicher, je deutlicher in diesen Handlungen arithmetische Operationen und *fundamentale Ideen* konkret vorgeformt werden. Die so gewonnenen konkreten Erfahrungen sind unentbehrliche Bausteine für einsichtiges Lernen und bewegliches Denken.

Zum Problem der Veranschaulichung

Aus der skizzierten Sicht des Lernens als konstruktiver Prozeß ergeben sich auch neue Fragen und Perspektiven für den Vorgang der *Veranschaulichung*.

Die Überzeugung, daß Kinder (und Erwachsene) konkrete und bildliche Vorstellungen als Stützen für das Lernen brauchen, ist nicht erst das Ergebnis neuerer psychologischer Theorien. Sie ist in der alten Methodik ebenso vorhanden wie im Schulalltag: Lernen mit Händen, Augen und dem Kopf! Jeder, der Kinder und sich selbst beobachtet, findet zahllose Hinweise darauf, wie unentbehrlich bildliche Vorstellungen sind. Etwas zu verstehen, heißt immer auch, sich ein Bild von einer Sache zu machen.

Damit ist natürlich noch keineswegs geklärt, was beim Entstehen von Anschauungen vor sich geht. Diese Frage ist in der neueren Psychologie und Didaktik intensiv erforscht worden. Eine sehr gründliche und umfassende Darstellung der Ergebnisse findet man in dem Buch von Lorenz (1992), an dem sich auch die folgenden Stichworte orientieren.

Ein einfaches Modell des Veranschaulichungsprozesses sieht etwa so aus: Der Lernende sieht etwas, und in seinem Kopf entsteht ein *Abbild* des Gesehenen. Sein eigener Beitrag würde dabei nur darin bestehen, dieses Bild in sich aufzunehmen und als inneres Bild zu speichern. Diese Vorstellung ist jedoch viel zu grob. Sie könnte vor allem nicht erklären, wie *neues* Wissen entsteht, das neue Handlungsmöglichkeiten bietet.

Als Beispiel: Ein »Bild« der Aufgabe 9+7, mit Plättchen gelegt oder im Buch abgedruckt, ruft beim Kind möglicherweise überhaupt keine Vorstellungen von der Addition hervor, erst recht werden Rechenwege und Beziehungen zu anderen Aufgaben nicht aufgezeigt.

In einer Reihe von Untersuchungen sind die Unzulänglichkeiten bildlicher Darstellungen und die durch sie bei Kindern provozierten Mißverständnisse eingehender analysiert worden. Die Gründe für diese Schwierigkeiten liegen auf zwei Ebenen. Zum einen kann eine statische Darstellung kein dynamisches Denken erzeugen. Zum anderen reicht für den Prozeß der »Verinnerlichung« bloßes »Anschauen« nicht aus. Dies ist der Ansatzpunkt für eine genauere Analyse des Phänomens der Veranschaulichung, bei der eben viel mehr als Anschauen notwendig ist.

Eine zentrale Rolle spielen dabei *Handlungen*, die zunächst konkret, dann vorstellend ausgeführt werden. Die Handlungen sind die Basis für die Entwicklung *innerer Bilder* (*visueller Repräsentationen, mentaler Modelle* – es gibt viele Beschreibungen dafür). Auch dieser Vorgang ist ein *konstruktiver* Prozeß, bei dem der Lernende selbst wiederum die entscheidende Rolle spielt. Er muß die internen Bilder in seinem Gehirn aufbauen, mit seinem bisherigem Wissen verknüpfen, sie verändern und so neuen Situationen anpassen. Im günstigen Fall entstehen auf diese Weise Vorstellungsbilder, die wesentliche Aspekte der jeweiligen mathematischen Ideen erfassen helfen (»Prototypen«, Dörfler, 1988) und so als Schemata bei der Lösung verschiedener Aufgabentypen herangezogen werden können.

Diese Sicht des Lernvorgangs hat weitreichende Konsequenzen für den Einsatz von Lernmaterialien. Insbesondere für jüngere Kinder sind es konkrete Handlungen, die die Basis für bildhafte Vorstellungen und daraus sich entwickelnde kognitive Operationen bilden.

> *»Die visuellen Vorstellungsbilder entwickeln sich in der Altersstufe der Grundschüler auf der Basis von selbstausgeführten Handlungen, selten durch stellvertretend ausgeführte, beobachtete Handlungen«.* (Lorenz, 1992, S. 184)

Daher sind geeignete Lernmaterialien unentbehrlich. Geeignet aber sind nur solche Materialien, die Handlungen erlauben, die Einsicht in Rechenoperationen und Zahlbeziehungen schaffen und so beim Aufbau strukturierter Vorstellungsbilder helfen.

So ist es kein Zufall, daß in guten (alten und neuen) Lernmaterialien gerade die Grundideen verkörpert sind, auf denen unser Verständnis für und der Umgang mit Zahlen beruht. Insbesondere sind dies Reihen und Felder von Objekten, in denen die Zehnerstruktur sichtbar wird: Perlenketten mit Fünfer- und Zehnergliederung, Steckbretter, Rechenrahmen und andere Materialien, die aus Zehnerreihen aufgebaut sind. Bei größeren Zahlen sind vor allem verschiedene Ausführungen von Stellenwertmaterialien und Rechenbrettern hilfreich, mit denen das Rechnen im Dezimalsystem konkretisiert wird. Alle diese Darstellungen lassen sich von der konkreten in die bildhafte Ebene übersetzen und führen so zu Punktreihen, zum Zahlenstrahl, zu Zwanziger- und Hundertertafeln und zu Stellentafeln.

Diese Materialien sind gerade darum besonders wichtig, weil sie Handlungen ermöglichen, aus denen dann prototypische Vorstellungsbilder für arithmetische *Operationen* gebildet werden können: Weitergehen und Zurückgehen, Hinzufügen und Wegnehmen, Aufdecken und Abdecken werden verinnerlicht zum Addieren und Subtrahieren. So helfen die Materialien sowohl beim Schritt vom konkreten Operieren zum mentalen Operieren und dann weiter zum formalen Rechnen als auch auf dem Weg in umgekehrter Richtung.

Beide Prozesse des Abstrahierens und des Konkretisierens sind für das Mathematiklernen zentral und bedürfen besonderer Beobachtung im Unterricht. Einerseits sollen die Kinder nicht auf Materialien fixiert bleiben, andererseits aber bei Bedarf auf geeignete Materialien zurückgreifen können, wenn sie anschauliche Stützen brauchen. Daß gerade auch das Konkretisieren vielen Kindern erhebliche Schwierigkeiten macht, haben einige neuere Untersuchungen gezeigt. Hughes (1986) und Radatz (1989) haben an vielen Beispielen belegt, welche Mühe es Kindern macht, ihre eigenen Vorstellungen von Rechenoperationen aufzubauen und mitzuteilen. Dabei können geeignete Materialien eine wichtige Hilfe sein.

Ein »realistischer Mathematikunterricht« (Treffers, 1991) hat sowohl die Aufgabe, konkrete und bildliche Darstellungen zur Verfügung zu stellen und Übersetzungen zwischen ihnen zu fördern, als auch von dort aus in einem Prozeß »*fortschreitender Schematisierung*« zu formalen Darstellungen zu gelangen.

Folgerungen für den Umgang mit Lernmaterialien

Jedes Kind lernt und denkt anders. Es baut seine eigenen Vorstellungen auf und hat dabei seine eigenen Schwierigkeiten. Das macht den Unterricht zu einem komplexen Geschehen und Unterrichten zu einem schwierigen Geschäft – aber es eröffnet auch besondere Chancen.

Für die Arbeit mit Lernmaterialien bedeutet dies, daß die Vorstellungsbilder, die die Kinder dabei entwickeln, sich durchaus unterscheiden. Vor allem gehen die unterschiedlichen Vorkenntnisse dabei mit ein. Während das eine Kind die konkreten Handlungen mühelos verinnerlicht, tut sich ein anderes außerordentlich schwer, in den Manipulationen mit dem Material überhaupt arithmetische Aspekte zu erkennen, insbesondere die jeweils relevanten.

Viele Beispiele für die Probleme, die Kinder bei dem Verständnis von konkreten und bildlichen Darstellungen haben, findet man bei Lorenz (1992) und Lorenz/Radatz (1993). Sie sind eine Ursache von Lernschwierigkeiten.

Allerdings beziehen sich diese Untersuchungen im wesentlichen auf bildliche Darstellungen und sind wohl nicht einfach auf konkretes Material zu übertragen. Ein Bild etwa, das eine Subtraktionsaufgabe veranschaulichen soll, kann die damit verbundene Handlung oft nur unzulänglich darstellen und ist so zwangsläufig anfällig für Mißverständnisse. Wenn auf einem Bild 5 Hühner vorn im Gatter und 3 auf dem Wege nach hinten rechts zu sehen sind, dann kann das ja durchaus als Werbung für Ferien auf dem Bauernhof oder als Appell gegen Massentierhaltung verstanden werden. Arithmetische Fragen müssen keineswegs damit verbunden werden. Selbst wenn der Betrachter sein Augenmerk auf die Zahl der Hühner richtet, kann er zu ganz verschiedenen Zahlaussagen kommen: »Zusammen sind es 8 Hühner.« »Es gehen weniger fort, als bleiben.« »Über die Hälfte der Hühner bleibt.« »Wenn sich noch ein Huhn zum Gehen entschließt, ist nur noch die Hälfte da.« Alle diese Aussagen sind ebenso sinnvoll wie die vom Autor vielleicht angestrebte Aufgabe 8–3 = 5. Da die Handlung des Wegnehmens nicht konkret ausgeführt wird, bleibt die Deutung des Bildes dem Betrachter überlassen. Was er in dem Bild sieht, hängt von seinem Interesse, seinem Vorwissen und auch von seiner Vorstellung ab, welche Antwort von ihm erwartet wird.

Konkretes Material kann diese Schwierigkeiten erheblich reduzieren, da die mit ihm real ausgeführten Handlungen sehr viel deutlicher machen, um was es geht, und so die Ausbildung angemessener Vorstellungsbilder erleichtern. Die Handlungen zeigen auch, welche Fehlvorstellungen möglicherweise noch vorhanden sind und wie sie überwunden werden können.

> »Es bedarf daher didaktisch einer *Aufmerksamkeitsfokussierung*, die die Perspektive des Schülers auf die für den Unterricht relevanten arithmetischen Aspekte lenkt, also insbesondere auf die in der Handlung sich ergebenden *numerischen Veränderungen* und deren Beziehungen untereinander«. (Lorenz, 1992, S. 184)

Noch komplexer wird die Situation dadurch, daß im Unterricht verschiedene Materialien notwendig sind. Jedes Material erfordert ein eigenes Stück Lernen und stellt einen eigenen *Erfahrungsbereich* (Bauersfeld, 1983) dar, mit spezifischen Handlungsmöglichkeiten, Einsichten und Anforderungen an den Lernenden. Zudem ist der Transfer, die Übersetzung von einem Erfahrungsbereich in einen anderen, eine oft durchaus anspruchsvolle Leistung. Wenn ein Kind beispielsweise die Addition als Hinzufügen von Plättchen verstanden hat, ist dadurch noch keineswegs sichergestellt, daß es auch in einem anderen Erfahrungsbereich, etwa am Zahlenstrahl oder in der Hundertertafel, addieren kann.

Aus den genannten Schwierigkeiten sollte jedoch nicht die zu einfache Konsequenz gezogen werden, auf Materialien weitgehend zu verzichten oder sich auf ein Material zu beschränken. Wohl aber muß die Auswahl des Materials genau bedacht werden. Ideal ist ein System von Lernmaterialien, das mit dem wachsenden Zahlenraum ausgebaut werden kann, so daß die jeweils bereits gewonnenen Erfahrungen in die Arbeit auf den weiteren Stufen mit eingehen. So können sich neue Einsichten auf schon erworbene stützen, neue kognitive Schemata mit bereits entwickelten in Beziehung gebracht werden.

Verstehen und Verständigen

Lernen ist zugleich ein individuelles wie ein soziales Geschehen. Auf den einen Seite muß jedes Kind seine eigenen Erfahrungen machen, sie in seinem Kopf verarbeiten und sich in seiner Umwelt mit den erworbenen Fähigkeiten zurechtfinden. Niemand kann ihm das abnehmen – zum Glück kann man Erfahrungen nicht vererben, nicht von anderen machen lassen, nicht fertig übernehmen.

Auf der anderen Seite aber spielt sich Lernen immer in sozialen Kontexten ab. Man lernt mit und von anderen, kann helfen und sich helfen lassen, muß anderen zuhören und sich ihnen mitteilen.

Soweit sich diese Aussagen nur darauf beziehen, daß Lernen in einem sozialem Rahmen stattfindet, sind sie ziemlich selbstverständlich. Aber der soziale Rahmen ist ein entscheidendes Moment für die Entstehung von Einsicht. Erst dadurch, daß die unterschiedlichen Vorstellungen ausgetauscht, verglichen und aufeinander abgestimmt und so Bedeutungen ausgehandelt werden, entsteht Verständnis. Diese interaktionstheoretische Sicht des Lernens ist in der jüngeren Didaktik deutlich herausgearbeitet worden (vgl. etwa Bauersfeld, 1983, Maier/Voigt, 1991).

In dieser Sichtweise ist Lernen als Sinnkonstruktion untrennbar mit Kommunikation verbunden. Soziales Lernen ist damit nicht nur die Beschreibung einer gemeinsam gestalteten Lernatmosphäre, sondern eine notwendige Bedingung der Erkenntnisgewinnung.

Auch bei dieser Kommunikation und Interaktion spielen Materialien eine wichtige Rolle. Sie schaffen Gesprächsanlässe und erleichtern die Verständigung. Mit ihrer Hilfe werden Übereinstimmungen und Unterschiede in den Vorstellungen der Beteiligten greifbar und sichtbar. Vor allem ermöglichen Materialien auch nichtverbale Kommunikation und schützen so vor den Mißverständnissen der Sprache. Dies ist für die Interaktion zwischen den Lernenden ebenso wichtig wie für die zwischen Lehrer und Schüler. Natürlich muß auch das Material selbst Gegenstand der Verständigung sein. Es muß vereinbart werden, wie man sinnvoll mit ihm umgeht. Zudem unterscheiden sich die Erfahrungen, die die einzelnen Kinder dabei machen. Nur im Gespräch können diese Einsichten mitgeteilt und ausgetauscht werden.

Öffnung des Unterrichts

Aktiv-entdeckendes Lernen, das den Möglichkeiten und Bedürfnissen des einzelnen Kindes Rechnung trägt, erfordert einen unterrichtlichen Rahmen, in dem es sich entfalten kann. In einem starren und engen Unterricht haben es Kreativität und Entdeckungsfreude schwer.

So gibt es zur Zeit vielfältige Ansätze zur Öffnung von Schule und Unterricht, in die auch der Mathematikunterricht (stärker als bisher) einbezogen werden muß. Dieses Ziel hat viele Aspekte. Zum einen gehört dazu eine Öffnung der Schule *nach außen*, z.B. die Öffnung für alle (auch lernbehinderte) Kinder, engere Zusammenarbeit zwischen Lehrern und Eltern, Einbeziehung außerschulischer Lernmöglichkeiten. *Im Innern* zeigt sich die Öffnung vor allem in neuen Formen des Unterrichts, wie sie durch Stichworte wie Freiarbeit und Wochenplan beschrieben werden. Diese schul- und unterrichtsorganisatorischen Ansätze müssen allerdings ergänzt werden durch neue, offenere Formen des Lernens, da sonst die Gefahr besteht, daß sich der Unterricht trotz zahlreicher Aktivitäten und reichlichem Materialeinsatz nur an der Oberfläche verändert.

Einen hilfreichen Kriterienkatalog zur Beurteilung offenen Unterrichts hat Wallrabenstein (1991) erstellt (siehe Kasten S. 30). Er macht deutlich, wie tief die Öffnung des Unterrichts reichen kann und wie vielfältig die dabei sich ergebenden Fragen sind. (Zum theoretischen Hintergrund vgl. Benner, 1987.)

Ziel dieser Neuorientierung ist die Veränderung des gemeinsamen Lernens und Lebens: mehr Chancen für freies und aktives Lernen, mehr Spielraum für Differenzierung und insbesondere zur Förderung schwächerer Kinder, neue Formen des Gespräches und der Interaktion, mehr Freude am Lernen. Für den Mathematikunterricht stellt sich die entscheidende Frage, ob dadurch auch mehr Spielräume für einsichtiges und selbsttätiges Lernen eröffnet werden. Es ist ja durchaus denkbar, daß trotz aller Bemühungen um Öffnung des Unterrichts das Lernen dann doch ziemlich starr bleibt.

Es gibt inzwischen viele gute Beispiele für die Öffnung des Unterrichts. Andere Fächer sind in dieser Richtung schon einige Schritte weiter als die Mathematik, so daß wir von ihnen manches lernen können. Insgesamt eröffnet die Verbindung einer neuen Sicht des Lernens und einer neuen Vorstellung von Schule aber auch gute Perspektiven für eine fruchtbare Weiterentwicklung des Mathematikunterrichts. Dabei kommt es vor allem darauf an, die Chancen, die ein offener Unterricht bietet, auch

10 Qualitätskriterien Offenen Unterrichts:

1. Methodenvielfalt:

Gibt es (in welchem Umfang?) mehrere unterschiedliche Methoden wie Freie Arbeit, Projekte, Kreisgespräche, Kleingruppenarbeit, Partner- und Gruppenarbeit, Berichte von Schülern? Wie weit werden diese Methoden zur Lehr-Lernorganisation von Kindern als hilfreich, vielfältig und transparent erfahren?

2. Freiräume:

Gibt die Klasse/Schule den Kindern definitiv in ihrem Organisationsrahmen Freiräume zum vertiefenden, spielerischen, selbständigen, entdeckenden Lernen? Wochenplanarbeit, Freie Arbeitszeit, Projekte, Projektwochen, -tage?

3. Umgangsformen:

Gibt es klare Regeln, die von beiden Seiten eingehalten werden? Wie weit sind Lehrerinnen und Lehrer bereit, Kinder in ihrer emotionalen Befindlichkeit anzunehmen? Werden Konflikte bearbeitet? Gibt es eindeutige Interpunktionen (Gewichtungen) im Sinne sozialen Lernens? Lob? Ermutigung? Humor?

4. Selbständigkeit:

Werden Kindern/Schülern aktive Rollen bei der Steuerung von Lernprozessen ermöglicht? Gibt es das Helfersystem? Wissen Kinder, was sie nach der Stillarbeit zu tun haben?

5. Lernberatung:

Gibt es Beratungssituationen im Unterricht? Ist der Unterricht förderungsorientiert? Werden Umwege, Irrwege, Fehler als notwendige Bestandteile des Lernprozesses akzeptiert, und wird entsprechend beraten? Beschäftigung mit leistungsschwachen Schülern? Diagnosekompetenz für Leistungsversagen?

6. Öffnung zur Umwelt:

Bietet der Unterricht/die Schule neue Erfahrungen in direkter Begegnung mit der Umwelt? Erkundungsgänge? Exkursionen? Experten in der Klasse?

7. Sprachkultur:

Bietet der Unterricht Möglichkeiten zur direkten Koppelung von Sprache an sinnlich-konkrete Erfahrungen? Gesprächskultur? Schriftkultur? Freier Ausdruck in Texten? Sprachspiele? Narrative Kultur? Kreisgespräche? Drucken? Zusammenhang von Sprache und Sache (Kulturtechniken – Sachunterricht)?

8. Lehrerrolle:

Wird der Beziehungsarbeit Raum gegeben? Geduld, Gelassenheit und Toleranz für langsame Schüler? Sind Lehrerfragen anspruchsvoll (problemlösungsorientiert und anwendungsorientiert)? Verfügbarkeit über Bearbeitungsinstrumente zur Klärung von Störungen und Konflikten? Umgang mit pädagogischen «Imperativen» (Bewußtsein über die eigene Rolle, Umgang mit den Zwängen, «guten» Unterricht zu machen)?

9. Akzeptanz des Unterrichts:

Wie weit wird der Unterricht als gemeinsame Arbeit verstanden? Wie gut wird die Unterrichtszeit genutzt? Stoffbewältigung im Unterricht und nicht über Hausarbeiten? Erfahrbarkeit von Person und Unterricht als positiven Zusammenhang?

10. Lernumgebung:

Gibt es handlungsorientierte Materialien? Offene Lernflächen? Karteien, Differenzierungsmaterial, Spiele, Druckerei, Experimentierecke, Leseecke usw.?

Aus: Wallrabenstein (1991, S. 170f.)

als Chancen für entdeckendes Lernen zu nutzen. Wenn dies gelingt, dann ist bei den Entwicklungen der letzten Jahrzehnte sicher mehr erreicht als die »Rückkehr zum Einmaleins«. (Floer, 1993b)

Für die Öffnung des Unterrichts haben Lernmaterialien eine zentrale Funktion. Sie können helfen, den Schwerpunkt von der Steuerung durch und Zentrierung auf den Lehrer in Richtung auf die Eigenaktivität des Schülers und entdeckendes Lernen zu verlagern. Ein wichtiger Aspekt ist auch, daß das Material eine Rückmeldung über den Rechenweg und das Ergebnis gibt und so Selbstkontrolle ermöglicht.

Allerdings ergeben sich aus diesen Zielen in der Praxis oft konkurrierende Akzente. Bei vielen Materialien steht die Überprüfung des Ergebnisse so stark im Vordergrund, daß sie keinen Freiraum zum Entdecken mehr lassen und den Namen *Lern*materialien kaum verdienen. Dies sollte bei der Beurteilung der vielen angebotenen Rechenpuzzles, Stöpselspiele, Klammerkarten u.a.m. genau bedacht werden. Auf der anderen Seite findet man reizvolle Vorschläge für problemorientierte und operative Aktivitäten, mit denen die Kinder in der Freiarbeit dann doch erhebliche Schwierigkeiten haben. Für die Lösung dieses Konfliktes gibt es keine Rezepte. Der Schwerpunkt sollte allerdings in jedem Fall auf dem einsichtigen Lernen liegen, nicht auf der Kontrolle der Ergebnisse. Besonders geeignet sind dazu Materialien, in denen fundamentale arithmetische Ideen konkretisiert sind: Reihen und Felder aus Plättchen, Zahlentafeln, Verknüpfungstabellen, Stellentafeln. Sie machen den Rechenweg deutlich und geben durch ihre Struktur eine Rückmeldung über das Ergebnis, die zwar keine eindeutige Lösungskontrolle bietet, wohl aber die Möglichkeit, über das Vorgehen nachzudenken und es bei Bedarf zu korrigieren.

Neue lernpsychologische Erkenntnisse ebenso wie Veränderungen von Schule und Unterricht müssen sich daran messen lassen, ob und in welchem Maße sie Kindern helfen, besser und mit mehr Freude zu lernen. Lernen ist kein technischer Vorgang, an dessen Ende das eine Kind (beispielsweise) rechnen kann, das andere nicht. Es ist vielmehr ein komplexes Geschehen, an dem das ganze Kind beteiligt ist – mit seinen Ängsten und Hoffnungen, seinen Schwierigkeiten und Erfolgen. Im Mittelpunkt steht dabei nicht die Mathematik, sondern die Auseinandersetzung des Kindes mit einem Stückchen Mathematik, seine Wege zur Einsicht, seine subjektiven Vorstellungen, auch seine Fehler. Die Lernprozesse sind so vielfältig wie die Menschen, die daran beteiligt sind.

Welche Rolle können Lernmaterialien in diesem Geschehen spielen? Mit ihrer Hilfe kann sich jedes Kind seine eigene Handlungs- und Einsichtsbasis schaffen, und auch später kann es immer wieder auf das Material zurückgreifen. Dies ist für die Individualisierung und Differenzierung von besonderer Bedeutung. Jedes Kind kann in seinem Tempo voranschreiten, das eine schneller und in größeren Schritten, das andere behutsamer und langsamer.

Auf diese Weise erfüllen Materialien wichtige Schutzfunktionen. Sie schützen das Kind vor den Ansprüchen des Lehrers und der Mitschüler, auch vor zu schneller Formalisierung. Sie schaffen Freiraum für Versuche und nehmen die Angst vor Fehlern. Sie stärken so das Vertrauen in die eigene Leistungsfähigkeit und die Freude am Lernen.

Daß sich dies alles nicht von selbst ergibt, sondern Mühe und Geduld erfordert, darf natürlich nicht übersehen werden. Dies gilt insbesondere, da das Kind bei der Arbeit mit Material die Verantwortung für sein Lernen weitgehend selbst übernimmt – und das ist nun einmal nicht leicht.

Eine Bemerkung zum Schluß:

Lernen durch Handeln kommt heute eine besondere Bedeutung zu. Immer mehr bestimmen elektronische Medien die Erfahrungswelt der Kinder. Fernsehen, Gameboys und Videospiele sind den meisten Kindern inzwischen vertrauter als Bauklötze und Sandkasten. Nach neueren Untersuchungen verbringen viele Kinder etwa die gleiche Zeit vor dem Fernseher wie in der Schule.

Diese tiefgreifende Veränderung der Kindheit hat zur Folge, daß der Raum für konkrete Erfahrungen immer kleiner wird. So gerät die Erziehung in ein kaum lösbares Dilemma. Einerseits wissen wir theoretisch immer mehr darüber, wie wichtig das Lernen mit allen Sinnen und insbesondere durch eigenes Handeln ist, und sind uns in der Forderung nach aktiv-entdeckendem Lernen einig. Andererseits aber gehen die Chancen für solches Lernen immer mehr verloren und werden durch Erfahrungen aus zweiter Hand verdrängt, die das Kind nur noch passiv als Konsument aufnimmt. Die Folge ist (wie der Medienkritiker N. Postman es ausgedrückt hat) das »Verschwinden der Kindheit«. (Postman, 1983) Sein Fazit: »Wir amüsieren uns zu Tode«. (Postman, 1988)

Auch wenn man von den damit verbundenen inhaltlichen Problemen wie etwa der Gewaltdarstellung bis hin zu Horrorfilmen absieht, die Kinder zu verarbeiten haben, bleiben gravierende Folgen für das Lernen. Ganzheitliches Lernen, bei dem das Kind alle seine Sinne einbringen, seine Kreativität entfalten, sich über das Ergebnis seiner Entdeckungen freuen kann, wird fast unmöglich. In dieser Situation stellt sich für die Schule die außerordentlich wichtige Aufgabe, zumindest einige Möglichkeiten für konkretes selbstbestimmtes Handeln zu retten. Dies kann nicht durch den Einzug des Computers in die Schule gelingen, auch nicht durch Schulbücher und Kopiervorlagen, sondern nur durch geeignete Materialien.

2. Die erste Begegnung mit Zahlen: Der Zahlenraum bis 20

Warum der Anfangsunterricht so wichtig ist

Die erste Begegnung von Kindern mit Zahlen spielt für das gesamte weitere Lernen eine entscheidende Rolle. Sie kann der Beginn einer großen Liebe sein, aber auch der erste Schritt auf einem langen Weg voller Ängste und Enttäuschungen.

Die Gründe für die besondere Bedeutung des Anfangsunterrichts liegen auf verschiedenen Ebenen. Zunächst einmal sind die kleinen Zahlen das Fundament für alles, was die Kinder später über Zahlen lernen. Große Zahlen werden aus kleinen aufgebaut, das Rechnen mit großen Zahlen stützt sich auf das Rechnen mit kleinen Zahlen, und viele Rechenwege verlaufen sogar ganz entsprechend. Wem die Aufgabe 8+7 angst macht, der wird sich schwer mit 38+7 oder 80+70 oder gar 380+70 anfreunden. Daher ist es für die gesamte Arithmetik entscheidend, daß im Zahlenraum bis 20 tragfähige und aspektreiche Zahlvorstellungen aufgebaut werden.

Ein Hindernis auf dem Weg zu diesem Ziel ist ein zu starkes Vertrauen in das Zählen. Ohne Frage ist Zählen *eine* wichtige Fertigkeit, mit deren Hilfe Erfahrungen zu Zahlen gewonnen werden können. Aus diesem Grunde muß es auch im Unterricht aufgegriffen werden. Ein tragfähiges Fundament für die Arithmetik ist das Zählen jedoch nicht. Das hat zahlreiche Ursachen.

- Das Zählen wird allzu leicht zu einem verbalen Geschehen und wird so von Handlungen abgekoppelt.
- Verschiedene Zahlaspekte und strukturierte Zahlvorstellungen lassen sich durch Zählen kaum entwickeln.
- Die Begründung der Rechenoperationen gelingt nur unzureichend. Aufgaben zur Addition und Subtraktion lassen sich mit kleinen Zahlen noch durch Vorwärts- bzw. Rückwärtszählen lösen, aber die Grenzen sind schnell erreicht. Multiplikation und Division werden überhaupt nicht mehr einsichtig.
- Bei großen Zahlen zeigt sich die Unzulänglichkeit des Zählens besonders deutlich. Wenn es überhaupt noch eine Hilfe sein soll, muß es erheblich weiterentwickelt werden (Zählen in Fünfer- und Zehnerschritten).
- Nicht zuletzt kann über das Zählen keine Einsicht in Gesetzmäßigkeiten und Zusammenhänge (*Rechengesetze*) entwickelt werden. Diese Einsichten aber sind die unabdingbaren Voraussetzungen für bewegliches Rechnen.

Aus diesen Gründen ist es schon im Anfangsunterricht wichtig, sich vom Zählen zu lösen. Dabei kann geeignetes Material entscheidend helfen. Die besondere Gefahr liegt darin, daß Kinder im Zahlenraum bis 10 oder auch bis 20 mit Zählen noch einigermaßen zurechtkommen, daß aber die so entwickelten Strategien spätestens im 2. Schuljahr völlig unzureichend sind. So ist es kein Zufall, daß sich dort die Probleme im Mathematikunterricht bei vielen Kindern in voller Schärfe zeigen, deren Wurzeln aber bereits im 1. Schuljahr liegen.

Was für die Entwicklung von Zahlvorstellungen gilt, läßt sich auch auf die Erarbeitung der Rechenoperationen übertragen. Sie müssen – nicht nur im Anfangsunterricht – aus konkreten Handlungen erwachsen und immer wieder mit solchen Handlungen in Verbindung gebracht werden: hinzufügen und wegnehmen, vergrößern und verkleinern, vorwärts und rückwärts gehen. Eine zu schnelle Formalisierung würde das Lernen nachhaltig und langfristig beeinträchtigen. Schon hier wird die Bedeutung geeigneter Lernmaterialien als Träger dieser Handlungen sichtbar.

Noch für etwas anderes wird in dieser Zeit der ersten Begegnung mit Zahlen der Grund gelegt. Die Kinder erfahren hier die Mathematik (auch) als formale Sprache. Wohl an keiner anderen Stelle stehen sie einem solchen Anspruch im Umgang mit Zeichen gegenüber. Das ist für viele von ihnen eine außerordentliche Hürde, die ihnen das Lernen schwermacht. Diesem Anspruch können sie sich nicht dadurch entziehen, daß sie ihm ausweichen. Aber als Lehrer sollten wir uns dessen bewußt sein, was damit von Kindern verlangt wird. Insbesondere wäre es verhängnisvoll, die Anstrengungen auf formale Übungen zu konzentrieren. Genau das Gegenteil ist notwendig: wo immer möglich, Chancen zum konkreten, handlungsorientierten Lernen zu schaffen und die so gewonnenen Einsichten behutsam in Zeichen festzuhalten. Nur auf einer breiten und festen Basis von konkreten Erfahrungen können Verinnerlichung, Abstraktion und der Aufbau einer formalen Sprache gelingen. Zeichenreihen wie $5+7=\square$, $7<9$, $4+\square=10$ bleiben ohne Sinn, wenn sie nicht aus Handlungen und Veranschaulichungen gewonnen und immer wieder in diese zurück übersetzt werden. Beides ist unerläßlich: Die Loslösung vom Konkreten und die Zurückführung formaler Sprache auf konkrete Situationen. Darauf kommen wir im Zusammenhang mit Lernmaterialien noch ausführlicher zurück.

Schon im Zahlenraum bis 20 sollen Kinder ja viel mehr lernen, als *irgendwie* zum Ergebnis einer Aufgabe zu kommen. Ziel ist es vielmehr, beweglich und geschickt rechnen zu lernen. Wenn dies gelingt, ist eine wichtige Voraussetzung für die Zukunft gelegt. Tatsächlich ist schon der Zahlenraum bis 20 ein weites Feld für Entdeckungen:

- Zahlen werden in verschiedenen Darstellungen erarbeitet und verwendet, linear und im Zwanzigerfeld. Dabei wird insbesondere die Gliederung in Fünfer und Zehner genutzt.
- Addition und Subtraktion werden auf unterschiedlichen Wegen erarbeitet, vor allem gestützt auf geeignete Zahldarstellungen .
- Wichtige Strategien wie die Ausnutzung der Fünfergliederung, das Verdoppeln und die Zerlegung in geeignete Teilschritte (insbesondere mit der 10 als Zwischenstation) werden entwickelt.
- Entscheidend ist schon im Anfangsunterricht die Ausbildung und Nutzung von vielfältigen Beziehungen zwischen den Aufgaben. Nur so kann ein Netz von Ein-

sichten entstehen: Tauschaufgaben, Umkehraufgaben, Nachbaraufgaben. Beziehungsreiches (*operatives*) Lernen beginnt bereits bei der ersten Begegnung mit Zahlen. Dabei wird natürlich nicht angestrebt, die hinter diesen Beziehungen stehenden *Rechengesetze* formal zu erfassen, sondern sie sinnvoll zu nutzen.

- Hier kommt etwas zum Tragen, was die Psychologen *Metalernen* nennen. Lernen erschöpft sich nicht darin, Faktenwissen zu erwerben. Viel wichtiger ist, daß die Kinder Strategien entwickeln, mit denen sie geschickt zum Ziel kommen, und über ihre Wege nachdenken.

Endlich werden im Zahlenraum bis 20 schon die Weichen dafür gestellt, *wie* das künftige Lernen geprägt wird. Das ist noch wichtiger als inhaltliche Fragen. Die erste Begegnung mit der Mathematik kann Türen für das weitere Lernen öffnen, aber auch negative Einstellungen aufbauen, die viele Jahre Bestand haben. Das hängt davon ab, welches Bild von der Mathematik und vom Mathematiklernen vermittelt wird. Stehen die Entwicklung von Fertigkeiten im Mittelpunkt oder die eigenen Entdeckungen? Wird das Lernen von außen gesteuert und kontrolliert oder übernimmt das Kind bereits Verantwortung für sein Lernen? Steht es unter dem Druck, richtige Ergebnisse zu produzieren, oder kann es selbständig arbeiten und so Vertrauen in seine eigenen Fähigkeiten entwickeln?

Diese Fragen sind sicher leichter zu stellen als zu beantworten. Patentrezepte gibt es ohnehin nicht. Aber es lohnt sich, alle Chancen zu nutzen, damit Kinder aktiv-entdeckend und phantasievoll lernen können. Welchen Beitrag Lernmaterialien dazu leisten können, soll im folgenden aufgezeigt werden.

Materialien für den Zahlenraum bis 20

Der Streit um *das beste Material* für den Anfangsunterricht ist so alt wie die Bemühungen, Kindern beim Rechnen zu helfen. Es ist ein fruchtloser Streit. Kein Material kann »*alles*« leisten. Vielmehr ist ein aufeinander abgestimmtes Angebot von Materialien notwendig, die sich ergänzen, weiterentwickeln lassen und so den Unterricht über die Schuljahre hinweg begleiten. Grundsätzlich ist jedes Material brauchbar, das Erfahrungen zu Zahlen vermittelt und zu entsprechenden Handlungen anregt. Schöne Beispiele für einen materialorientierten Anfangsunterricht sind bei Köppen (1988) gesammelt.

Allerdings reichen die möglichen Erfahrungen unterschiedlich weit. Ohne Frage ist ein Material um so hilfreicher, je besser es den Aufbau von Grundvorstellungen von Zahlen und Rechenoperationen unterstützt. Daher ist es kein Zufall, daß auch im Zahlenraum bis 20 solchen Materialien besondere Bedeutung zukommt, in denen die Gliederung nach Fünfern und Zehnern erkennbar ist, mit denen Zahlenfelder und Zahlenreihen gebildet werden können und die einen operativen Umgang mit Zahlen erlauben.

An dieser Stelle ist eine Bemerkung zum Problem der Materialvielfalt notwendig. Einerseits ist es sicher richtig, daß jedes Material ein Stück neues Lernen erfordert und daher behutsam eingeführt werden muß. Daher kann das Ziel nicht darin bestehen, möglichst viele Materialien einzusetzen. In diesem Sinne kann man der Feststellung »weniger ist mehr« (Wittmann, 1993) sicher zustimmen. Auf der anderen Seite wäre die schlichte Folgerung, das Angebot auf ein Minimum zu reduzieren, auch nicht der Königsweg. Wenn die Kinder Zahlen aspektreich und vielfältig kennenlernen sollen, dann müssen diese Einsichten auch durch entsprechende Materialien gestützt werden.

- Zahlen haben viele Gesichter: Sie treten uns als Anzahlen, Ordinalzahlen, Maßzahlen entgegen. Diese Aspekte werden in verschiedenen Materialien konkretisiert. Der Anzahlaspekt steht bei der Arbeit mit Plättchen, Perlen, Steckwürfeln u.ä. im Vordergrund. Stäbe oder Streifen betonen den Maßzahlaspekt. Die Ordnung der Zahlen wird in linearen Darstellungen wie Ketten oder am Zahlenstrahl deutlich.
- Beim Aufbau von Zahlvorstellungen und beim einsichtigen Rechnen sind sowohl die lineare Darstellung wie die Darstellung in Feldern (Zwanziger-, Hunderterfeld) unentbehrlich. Mal ist das eine Modell, mal das andere hilfreicher. Daher wäre eine Beschränkung auf nur eine Veranschaulichung eine gefährliche Verkürzung.
- Material sollte die Möglichkeit bieten, sowohl auf der enaktiven Ebene zu arbeiten als auch die gewonnenen Einsichten in bildliche Darstellungen zu übersetzen und so den Übergang zu formaler Arithmetik zu erleichtern. Für diese Abstraktionsprozesse ist durchaus eine breitere Erfahrungsbasis notwendig.
- Endlich ist auch nicht zu übersehen, daß ein Minimalangebot an Materialien und Darstellungen zu Ermüdungserscheinungen führen könnte.

Daher wird im folgenden ein Konzept von aufeinander abgestimmten und aufbauenden Materialien entwickelt, aus denen die Lehrerin ihre Auswahl treffen kann. Dabei kommt es nicht nur darauf an, möglichst wenig, sondern für das Lernen möglichst hilfreiches Material auszusuchen.

Unstrukturiertes Material

Materialien wie Perlen, Stäbe, Plättchen sind wohl verwendet worden, solange es Rechenunterricht gibt. Sie helfen beim Zählen und lassen sich zu Reihen, Feldern und Mustern legen. Gerade weil sie selbst noch keine eigene Struktur haben, sind sie vielfältig einsetzbar. Allerdings werden auch die Grenzen solcher Materialien deutlich. Wird den Objekten keine weitere Struktur aufgeprägt, bleiben auch die Zahlvorstellungen, die sich darauf stützen, zu unstrukturiert. Eine Ansammlung von Plättchen, die ungeordnet auf dem Tisch liegt, verrät noch wenig über die Zahl, die sie vertritt. Ob es 7, 8 oder 9 sind, kann nur durch Zählen herausgefunden werden. So besteht die Gefahr, daß die Kinder zu sehr zum Zählen verleitet werden und im weiteren darin verhaftet bleiben. Dies wäre eine zu schmale und schwache Basis für arithmetische Grundvorstellungen. Struktur kann nur durch die räumliche Anordnung der Objekte geschaffen werden. Erst wenn beispielsweise 8 Plättchen als 2 Vierer oder als 1 Fünfer und 1 Dreier oder als 4 Zweier angeordnet werden, können Beziehungen zu anderen Zahlen aufgebaut werden. Die Bedeutung solcher *Zahlbilder* ist bereits in der traditionellen Rechenmethodik betont worden.

Die Schwierigkeiten, die sich schon bei der Zahlerfassung zeigen, werden noch größer, wenn es um den Aufbau von Rechenoperationen geht. Die Summe 8+7 kann wiederum nur zählend bestimmt werden – unstrukturiertes Material bietet wenig Hilfe. Es zeigt keine geschickten Rechenwege auf, keine Beziehungen zu verwandten Aufgaben, keine Gesetzmäßigkeiten. Einen entscheidenden Schritt weiter auf dem Weg zum entdeckenden Lernen kommt man erst, wenn mit den Materialien auf Zwanzigerfeldern und -reihen gearbeitet wird. Darauf gehen wir später noch ausführlich ein.

Ein bekanntes und weitverbreitetes Material sind *Steckwürfel.* Sie haben den Vorteil, daß sie sich leicht zu Stangen und Türmen zusammensetzen lassen. So können Zahlen nicht nur als Kollektionen von Einzelobjekten, sondern als neue »Ganzheiten« erfaßt werden. Die 5 wird durch einen Fünferturm dargestellt, der einfach zu handhaben ist und dessen Höhe eine wichtige Hilfe bei Zahlvergleichen und Rechenoperationen ist. Die Nachteile sind jedoch auch nicht zu übersehen. Das Kind ist wiederum sehr stark auf das Zählen angewiesen. Eine Struktur, etwa durch die Fünfergliederung, kann nur durch Farben hergestellt werden (5 rote, 3 blaue). Beim Rechnen ist eine solche feste Gliederung allerdings eher hinderlich. 8+7 erscheint beispielsweise als Kombination aus 5 roten, 3 blauen, dazu 5 roten, 2 blauen Steckwürfeln. Rechengesetze und flexible Strategien sind so nur schwer zu entdecken. Zudem ist das Hantieren mit den Steckwürfeln ziemlich mühsam. Insgesamt stellen die Steckwürfel ein Material dar, bei dem die Nachteile deutlich überwiegen (vgl. Radatz, 1991).

Steckwürfel werden ebenfalls bei einem Material verwendet, das von U. Kuhn entwickelt worden und als *Mathefix Spektral* bekannt ist. (Kuhn, 1988) Zahlen werden durch eine entsprechende Anzahl von Steckwürfeln dargestellt, wobei jeder Zahl eine Spektralfarbe zugeordnet ist. Da mit den Würfeln durchgehend in Verbindung mit einem transparenten Hundertergitter und verschiedenen farbigen Einlegetafeln gearbeitet wird, ergeben sich vielfältige Möglichkeiten, den Aufbau strukturierter Zahlvorstellungen und einsichtiges Rechnen insbesondere im Anfangsunterricht zu stützen. Die Struktur wird dabei allerdings weniger durch die Steckwürfel als vielmehr durch die Ausgestaltung der Zusatzmaterialien geschaffen.

Wendeplättchen

Ein Material, das zum Zählen ebenso geeignet ist wie zum einsichtigen Rechnen, sind Plättchen mit zwei verschiedenfarbigen Seiten. Diese *Wendeplättchen* sind aus Kunststoff oder Pappe im Handel, aber auch leicht selbst herzustellen.

Bessere Erfahrungen haben wir mit Holzscheiben gemacht (ca. 15 mm Durchmesser, 10 mm Höhe), die auf einer Seite rot, auf der anderen gelb gefärbt sind. Das Rohmaterial erhält man in jedem Bastelgeschäft. Die Holzscheiben sind für Kinderhände leichter zu greifen als dünne Kunststoffplättchen. Außerdem lassen sie sich gut stapeln, so daß die Größe der Zahlen an der Höhe der Türme zu vergleichen ist.

Wendeplättchen sollten in jedem Fall in Verbindung mit passenden Feldern eingesetzt werden. (Eine Vorlage zur Herstellung eines Zwanzigerfeldes und eines Zwanzigerstreifens findet sich in Abbildung 2.1.)

Abb. 2.1: Zwanzigerfeld und -reihe (Kopiervorlage)

So können die Kinder die Zahlen aufgrund der durch das Feld geschaffenen Fünfer- und Zehnergliederung erkennen. Die Farben stehen zur Kennzeichnung verschiedener Zahlen, etwa bei Additionsaufgaben, zur Verfügung (Abb. 2.2).

Besonders praktische Wendeplättchen erhält man, wenn man die Holzscheiben mit einer Bohrung parallel zu einem Durchmesser versieht. (Eine einfache Übung für eine Heimwerkerin: Man braucht nur eine Bohrmaschine mit Ständer und einen 3-mm-Bohrer.) Diese Scheiben bieten eine Fülle zusätzlicher Möglichkeiten.

- Man kann je 10 oder 20 Scheiben auf einer Schnur auffädeln und erhält Rechenketten, die vielfältig einsetzbar sind. Auch dabei helfen die beiden Farben.
- Auf dünne Holzstäbe (Schaschlikstäbe) aufgesteckt, bilden die Scheiben Fünfer, Zehner oder andere Zahlen. Die Zahlerfassung wird leichter, wenn man die einzelnen Zehner in zwei Fünfer gliedert. Dies kann dadurch geschehen, daß auf einem Brettchen zwei kürzere Holzstäbe angebracht werden, die jeweils genau fünf Scheiben Platz bieten. Durch die Farbgebung können Übungen zum Zerlegen, Addieren und Subtrahieren einfach durchgeführt werden (Abb. 2.3, S. 40).
- Mit entsprechend vielen Zehnern erhält man so auch ein Material, das beim Ausbau des Zahlenraums bis 100 gute Dienste tut. Es eignet sich insbesondere zum Aufbau von Zahlvorstellungen und zu operativen Übungen, bei denen Einer und Zehner hinzugenommen oder entfernt werden. Weniger handlich ist es, wenn viele Scheiben umgesteckt werden müssen.

Abb. 2.2: Rechnen in der Zwanzigerreihe

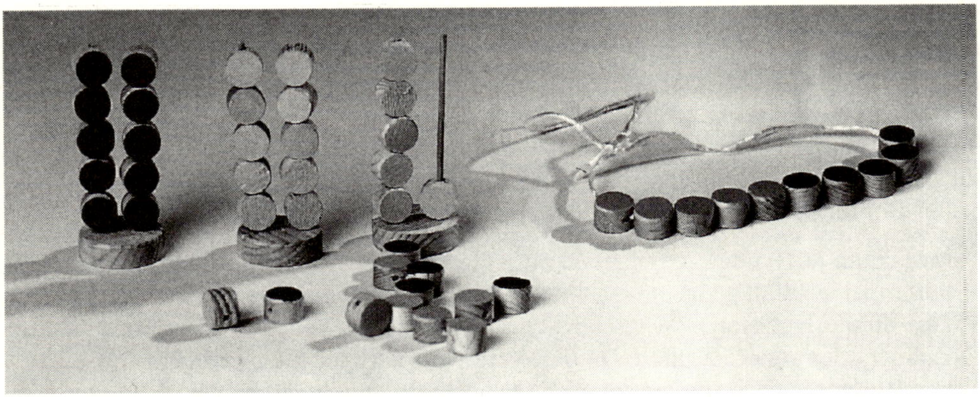

Abb. 2.3: Wendescheiben aus Holz: Zehnertürme und Zehnerketten

Rechenrahmen

Bei der Durchsicht von Lernmaterialien darf eine alte Erfindung nicht fehlen, die seit Urzeiten verwendet wird. Sie ist in jedem Kaufhaus für ein paar Mark zu erwerben und steht in vielen Kinder- und Klassenzimmern. Generationen von Kindern haben mit ihrer Hilfe rechnen gelernt, und es scheint, als erlebe sie heute eine neue Blüte, auch wenn manche von neuerer Didaktik geprägte Lehrerin nicht gern offen darüber spricht. Es muß ja etwas Besonders sein an einer Erfindung, die sich über alle Reformen des Mathematikunterrichts hinweg behauptet hat!

Die Idee ist denkbar einfach: 10 Kugeln werden auf einer Stange aufgereiht, zwei (oder später zehn) Reihen in einen Rahmen montiert – fertig ist die *»Russische Rechenmaschine«* (auch als *Rechenrahmen* im Handel).

Zumindest für den Zahlenraum bis 20 kann diese Rechenmaschine in der Tat eine wertvolle Hilfe sein:

- Durch die farblich gestaltete Fünfergliederung können Kinder Zahlen erfassen, ohne jeweils von vorn abzählen zu müssen. Die Rechenmaschine ersetzt die Finger.
- Größere Zahlen werden zerlegt in (einen) Zehner und Einer. Auch das geht besser als mit den Fingern – wer hat schon 20 Finger?
- Die jeweils nicht benötigten Kugeln lassen sich leicht beiseite schieben, so daß sie die Überlegungen nicht stören.
- Addieren und Subtrahieren werden konkret durch Dazuschieben und Wegschieben veranschaulicht.
- Der Zehnerübergang ist unübersehbar und mit den Händen zu fassen. die Aufgabe 7+8 wird umgeformt zu 7+3+5.
- Für entdeckendes Lernen eröffnet die Rechenmaschine aber auch weitere Wege. So etwa kann 7+8 auch zu 5+5+2+3 oder zu 7+7+1 werden.

Es gibt wirklich keinen Grund, diese Rechenmaschine nur mit schlechtem didaktischen Gewissen einzusetzen. So ist es auch nicht verwunderlich, daß sie in neueren Vorschlägen für Lernmaterialien wieder eine besondere Rolle spielt (Radatz, 1991;

Treffers, 1991; Lorenz/Radatz, 1993). Dabei dürfen allerdings die Nachteile der Rechenmaschine nicht übersehen werden. Bei der Addition bzw. Subtraktion lassen sich die beteiligten Zahlen nur an der räumlichen Distanz erkennen. Schiebt man die Kugeln zusammen, ist die Aufgabe nicht mehr abzulesen. Dies bringt Schwierigkeiten, wenn die Zahlen größer werden. Die Aufgabe 37+28 ist mit diesem Material nicht mehr einsichtig zu lösen. Dazu müßte der Rechenrahmen so weiterentwickelt werden, daß die beiden Summanden in verschiedenen Farben dargestellt werden können.

Eine Lösung dieses Problems gelingt mit einem aufwendigeren Gerät, bei dem statt der Kugeln Würfel oder Quader verwendet werden, die durch eine Drehung in verschiedene Positionen gebracht werden können. So erscheinen auf der einen Seite rote und blaue Flächen, auf der anderen auch Zahlen (Abb. 2.4, S. 42).

Einzelheiten und weitere Möglichkeiten werden später im Rahmen des Zahlenraums bis 100 ausführlicher diskutiert.

Rechenschiffchen

Ein Material aus, das die wesentlichen Forderungen für einsichtigen Umgang mit Zahlen erfüllt, muß eine Reihe von Bedingungen erfüllen. Es soll

- die Gliederung nach Fünfern und Zehnern ständig deutlich machen,
- die Darstellung der Zahlen im Zwanzigerfeld und in der Zwanzigerreihe ermöglichen,
- mit oder ohne Zahlzeichen verwendet werden können,
- Rechenoperationen einsichtig machen
- und natürlich so gestaltet sein, daß es zum Spielen geeignet ist.

Aus demVersuch, diese Forderungen praktisch umzusetzen, ist der folgende Vorschlag entstanden.

Aus starker Pappe oder Holz werden »*Schiffchen*« hergestellt, auf denen je fünf Plättchen Platz haben. Die Schiffchen können zu Zehnern, zum Zwanzigerfeld und zu einer Zwanzigerreihe zusammengestellt werden. Auf der Rückseite sind die Zahlen von 1 bis 20 zu sehen. Außerdem braucht man 20 Wendeplättchen, auf einer Seite rot, auf der anderen blau gefärbt (Abb. 2.5, S. 43).

Mit diesem Material erfinden die Kinder von sich aus eine Fülle von Spielen. Die Fünfer und Zehner werden zu Schiffchen, Bussen, Straßenbahnen, die ankommen und wegfahren, die Plättchen zu Personen, die aus-, ein-, und umsteigen. Dadurch werden Addieren und Subtrahieren von Anfang an und durchgehend mit realen Situationen verbunden. Das ist keineswegs eine überflüssige Nebensächlichkeit, sondern es hilft, die Rechenoperationen in Erfahrungen des Kindes zu verankern und ihnen dadurch *Sinn* zu geben.

Insbesondere bietet dies einen Schutz gegen allzu schnelle Formalisierung. Nicht jede Einsicht muß umgehend in formale Sprache übersetzt werden. Der Schritt von der praktischen Arithmetik zur formalen Arithmetik, damit zum Umgang mit Zeichen, ist eine der großen Hürden, die Kinder im Grundschulalter überwinden müssen. Mit den Schiffchen können die Kinder spielen, dabei Zahlen und Rechenopera-

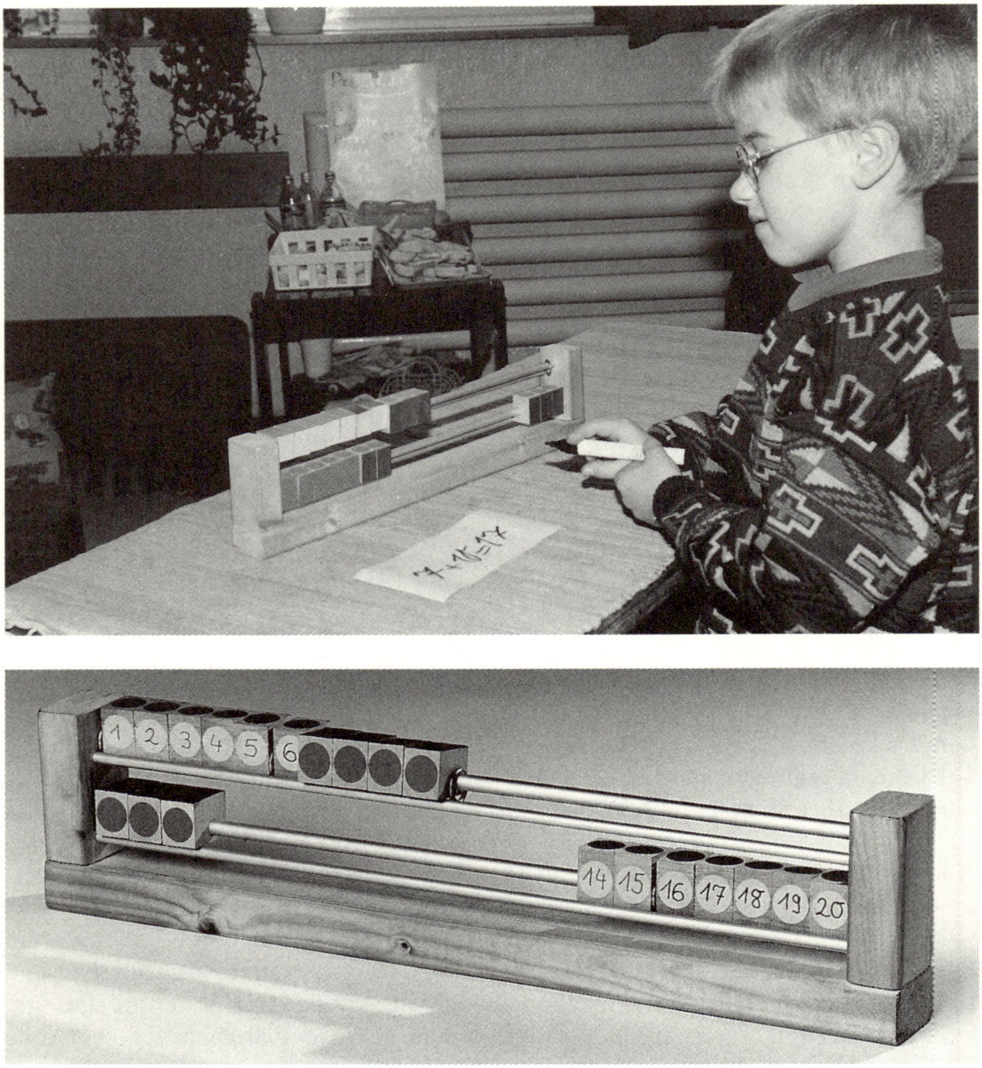

Abb. 2.4: Eine Rechenmaschine mit drehbaren Quadern

tionen entdecken und über diese Entdeckungen sprechen. Dies mit Plus-, Minus- und Gleichheitszeichen festzuhalten, ist am Anfang nicht wichtig.

Beim Spiel mit den Schiffchen werden die Kinder – fast zwangsläufig – verschiedene Rechenwege entdecken. Einige Stichworte am Beispiel der Aufgabe 8+6 (Abb. 2.6, S. 44):

- Auf zwei Schiffchen kommen 8 Steine, auf zwei anderen 6 Steine an. Zusammen sind es 2mal 5 Steine und 4 dazu, also 14.
- Ein Stein wird umgeladen: Aus 8+6 wird 7+7, beides ist gleich 14.
- Auf dem einen Doppelschiff sind 6 Steine, auf dem anderen 2 mehr. Zusammen sind es 2mal 6 und noch 2 Steine.
- Ein Zehner wird aufgefüllt: 8+6=10+4.

Abb. 2.5: Rechenschiffchen (Spectra-Verlag)

Diese subjektiven Wege schnell durch ein Standardverfahren zu ersetzen, wäre schädlich. Für behutsam *fortschreitende Schematisierung* ist später noch Zeit genug.

Entscheidend ist, daß bei alledem die Zahlen ständig strukturiert sind. Die Gliederung nach Fünfern und Zehnern muß nicht wie bei unstrukturiertem Material in jedem Einzelfall geschaffen werden, sondern ist gleichsam eingebaut. Die Struktur des Materials hilft bei der Ausbildung strukturierter Vorstellungen von Zahlen und Rechenoperationen im Kopf! So können die Kinder durchaus zunächst zählend rechnen, sich aber dann immer stärker vom Zählen lösen.

Dieser Prozeß kann und muß durch gezielte Übungen unterstützt werden. Wenn etwa zwei volle Schiffe und ein Schiff mit drei Tonnen nur kurz zu sehen sind, bevor sie unter einer Brücke verschwinden, dann lernen auch die schwächeren Kinder sehr schnell, Zahlen mit einem Blick zu erfassen.

Stäbe und Streifen

Bereits zu Beginn des letzten Jahrhunderts (!) hat E. Tillich ein Material erfunden, das der Vorläufer vieler weiterer Entwicklungen war (Abb. 2.7). Die Tillichschen Rechenstäbe waren schlichte Holzstäbe. Jede Zahl wird durch einen Stab repräsentiert, dessen Länge ein entsprechendes Vielfaches der Länge des Einerwürfels ist.

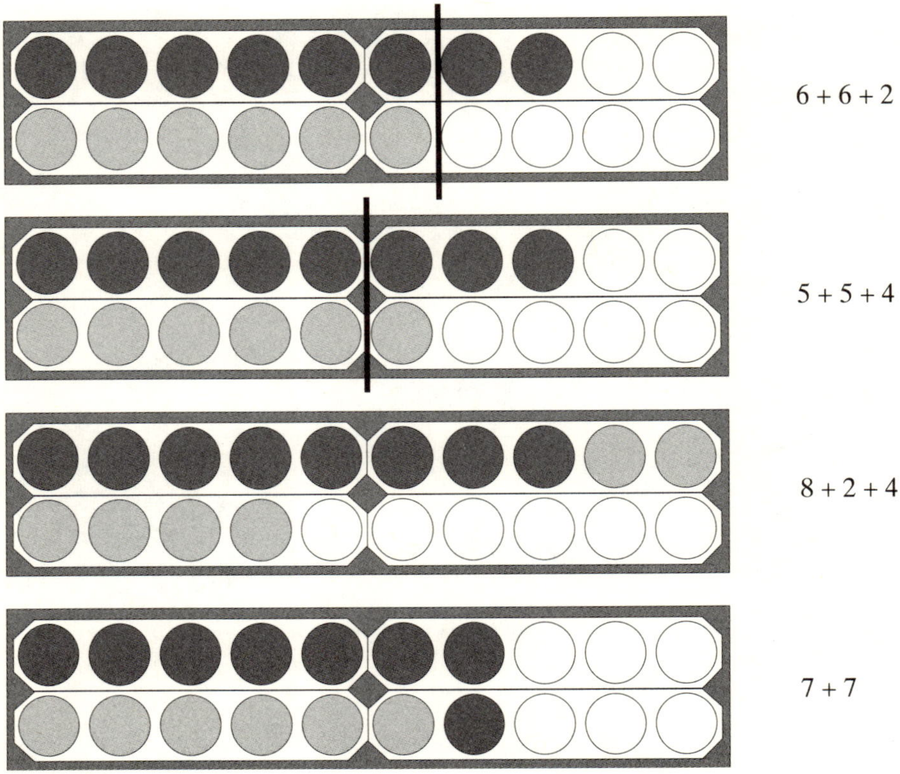

Abb. 2.6: Eine Aufgabe – viele Lösungen

Schon hier wird die Grundidee sichtbar, die von allen Nachfolgern aufgegriffen worden ist: Zahlen werden durch Längen dargestellt. Sie brauchen nicht aus Einzelobjekten aufgebaut zu werden, sondern sind selbst unterscheidbare Objekte, mit denen sich leicht operieren läßt. Der Vergleich von Zahlen gelingt augenfällig über den Vergleich der Längen, Addieren bedeutet Aneinanderlegen, Subtrahieren kann durch Ergänzen oder Abdecken geschehen.

Allerdings wird auch ein grundlegender Nachteil der Stäbe deutlich. Dem einzelnen Stab ist nicht anzusehen, ob es ein Siebener, ein Achter oder Neuner ist. Nur wenn man ihn durch Einer oder bekannte kleinere Stäbe ausmißt, ist die Zahl zu finden.

Auf verschiedene Weise kann man den Stäben mehr Struktur und damit ein eigenes Gesicht geben. Bei den Rechenstäben von Kern (1955) geschieht dies, indem die Stäbe mit Einkerbungen versehen werden. Zusätzlich ist auf jeder Seitenfläche eine farbliche Gliederung. Der Zehner wird z.B. unterteilt in 2 Fünfer oder 5 Zweier oder 3 Dreier und 1 Einer.

M. Montessori hat statt der Stäbe Perlenstangen entwickelt, die für jede Zahl eine andere Farbe haben. Auf diese Weise wird eine enge Verbindung zum Anzahlaspekt hergestellt. Die Größe der Zahl läßt sich aus der Länge der Stange wie durch Zählen der Perlen bestimmen.

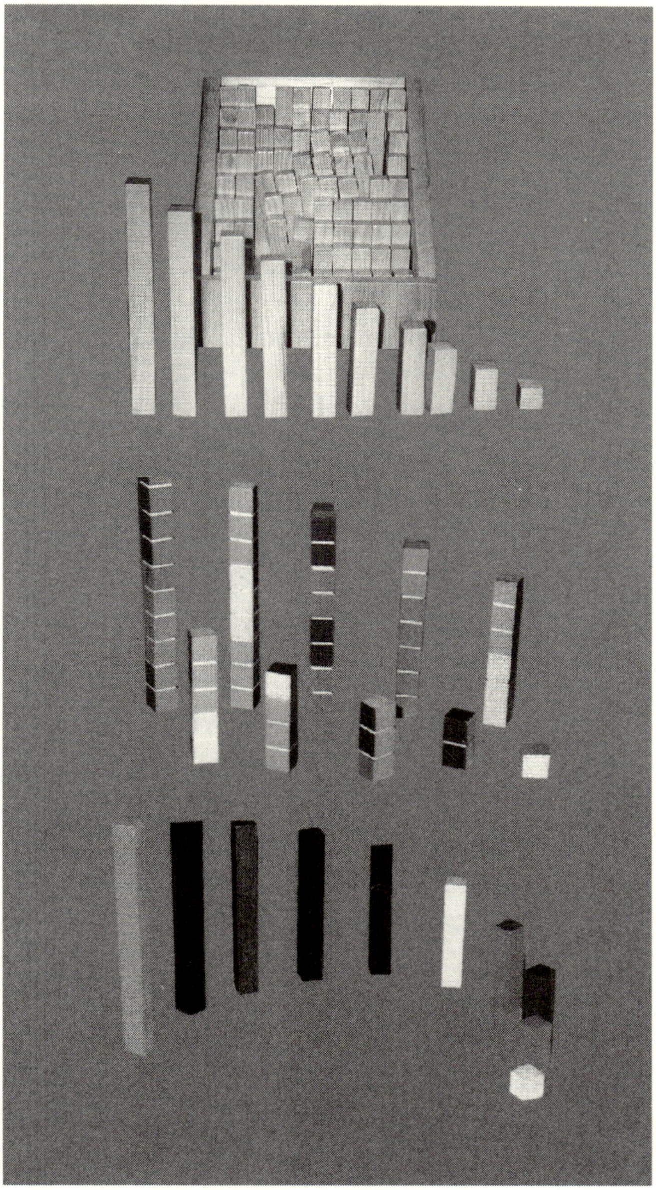

Abb. 2.7: Rechenstäbe von Tillich, Kern, Cuisenaire

Das bekannteste Material, das Längen zur Darstellung von Zahlen benutzt, sind sicher die Cuisenaire-Stäbe. Charakteristisches Merkmal ist, daß jede Zahl ihre eigene Farbe erhält und sich so von allen anderen Zahlen unterscheidet. Mit diesen Stäben haben Generationen von Schülern einsichtig rechnen gelernt. Allerdings ist es dazu notwendig, daß die Kinder von Anfang an und durchgehend mit diesem Material arbeiten. So haben sie nach einiger Zeit verinnerlicht, daß beispielsweise der schwarze Stab ein Siebener ist, mit dem sie fortan rechnen können. Eine weitergehende Struktur hat der Siebener nicht. Nur durch Vergleich mit anderen Stäben können die Kinder herausfinden, daß 7 etwa 5+2 oder 3+3+1 oder 2+2+2+1 oder 8–1 ist. Die Codierung durch Farben ist so dominant, daß andere Zahlaspekte in den Hintergrund treten. Das Rechnen wird im Extremfall zum *Rechnen mit Farben.* So hießen auch die klassischen Bücher zum Cuisenaire-Material »Mathematik mit Zahlen in Farben« (Gattegno, 1964). Darin finden sich dann über lange Zeit Rechensätze wie *hellgrün + rot = gelb* für 3+2=5.

Eine solche Farbenarithmetik ist sicher nicht erstrebenswert. Sie hat die Nachteile, die jedes Konzept mit sich bringt, das *eine* (durchaus gute) Idee zur alleinigen Richtschnur für den Unterricht erhebt. Das zentrale Ziel, mit Zahlen aspektreich und vielfältig umzugehen, läßt sich auf diese Weise nicht verwirklichen. Es lohnt sich jedoch, die Materialien so weiterzuentwickeln, daß die genannten Nachteile vermieden werden. Auf die einzigartigen Möglichkeiten zur Veranschaulichung arithmetischer Operationen sollten wir nicht verzichten. Zwei Vorschläge werden im folgenden beschrieben.

Aus einer Leiste mit quadratischem Querschnitt kann man selbst Rechenstäbe herstellen. Die Stäbe werden auf zwei gegenüberliegenden Flächen mit Klebepunkten (8 mm) versehen. Damit die Zahlen etwa bei Additionsaufgaben zu unterscheiden sind, ist die Verwendung von zwei Farben vorteilhaft. So ist jede Zahl nicht nur an der Länge des Stabes, sondern vor allem an der Anzahl der Punkte zu erkennen. Die Erfassung der Anzahl wird dadurch erleichtert, daß die größeren Zahlen eine Fünfergliederung haben. Am einfachsten ist dies dadurch möglich, daß ein voller Fünfer durch einen Strich von den übrigen Punkten getrennt wird. Der Materialaufwand läßt sich verringern, wenn man nur Zehner, Fünfer und Einer (evtl. noch Zweier, Dreier und Vierer) verwendet. Die größeren Zahlen lassen sich daraus schnell zusammensetzen.

In einem anderen Design werden Rechenstäbe im Lehrmittelhandel angeboten (Spectra-Verlag). Die Einer werden durch aufgeprägte weiße Striche getrennt, der Strich nach dem Fünfer ist dabei deutlich dicker als die anderen.

Diese Stäbe können nicht nur im Anfangsunterricht eingesetzt werden, sondern helfen auch beim Rechnen im Zahlenraum bis 100. Sie sind wesentlich einfacher zu handhaben als Plättchen o.ä. und bieten mehr Möglichkeiten für einen strukturierten Umgang mit Zahlen. Dies gilt insbesondere, wenn die Stäbe in Verbindung mit Feldern (zunächst dem Zwanziger-, später dem Hunderterfeld) und linearen Darstellungen eingesetzt werden. Eine außerordentlich wertvolle Unterstützung ist ein Zwanzigerstreifen, auf dem mit den Stäben gearbeitet wird. In einer schöneren Ausführung kann daraus auch eine Zwanziger- (oder Dreißiger-)Leiste aus Holz werden, in der die Stäbe festen Halt finden. (Abb. 2.8, S. 47)

Statt der Stäbe kann man auch *Rechenstreifen* verwenden, die mit weniger Aufwand herzustellen sind. Am günstigsten ist es, wenn die eine Seite der Streifen wiederum rote, die andere blaue Punkte hat. Ein solches Material (*Wendestreifen*) wird im Schulbuch *Die Welt der Zahl* verwendet. Die Streifen können ohne Schwierigkeiten mit Wendeplättchen kombiniert werden. Dadurch lassen sich die Möglichkeiten beider Materialien optimal nutzen. Mal ist es einfacher, eine Zahl durch einen Streifen zu legen, mal günstiger, Zahlen in Einer zu zerlegen und dazu die Plättchen zu verwenden. Daher sollte beides zur Verfügung stehen, am besten übersichtlich aufbewahrt in einem Zwanzigerkästchen. Unbedingt zu empfehlen sind ein Zwanzigerfeld

Abb. 2.8: Dreißigerleiste mit Rechenstäben

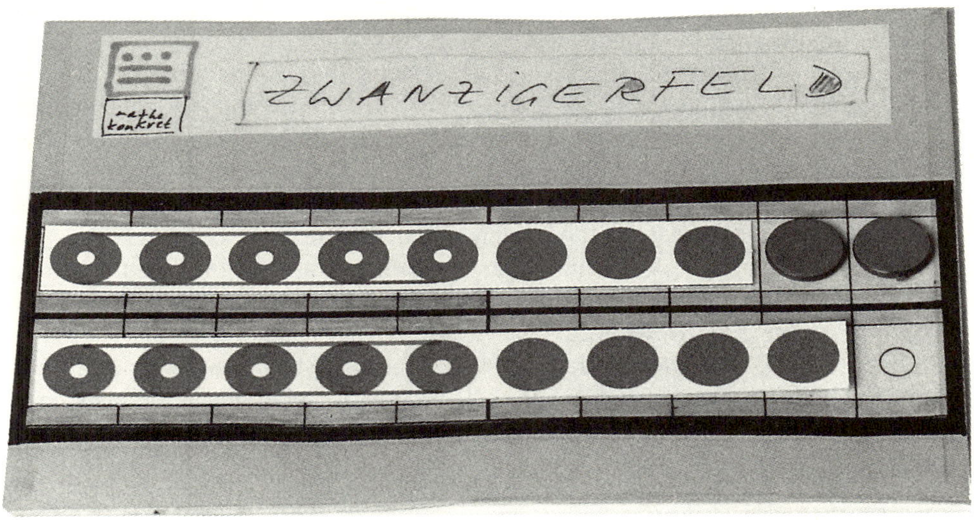

Abb. 2.9: Zwanzigerfeld mit Wendestreifen und -plättchen

und ein Zwanzigerstreifen passender Größe, auf denen mit den Streifen und Plättchen gearbeitet wird (Abb. 2.9).

Die Stichworte zu Stäben und Streifen machen deutlich, daß Materialien, in denen Zahlen durch Längen repräsentiert werden, nach wie vor eine wichtige Hilfe beim einsichtigen Lernen sein können. Dies gilt insbesondere, wenn sie so gestaltet werden, daß der Anzahlaspekt nicht mehr auf Umwegen erschlossen werden muß, sondern von vornherein »eingebaut« ist. Dadurch lassen sich die Einsichten, die Kinder mit Plättchen und anderen homogenen Materialien gewonnen haben, aufgreifen und ohne Bruch weiterführen.

Stäbe und Streifen zeigen einerseits den Aufbau der Zahlen aus Einern und helfen andererseits bei der Ausbildung von stärker strukturierten Zahlvorstellungen. Insbesondere erlauben sie die einfache Darstellung größerer Zahlen – und dies wird beim weiteren Aufbau des Zahlenraums zunehmend wichtiger.

Rechenschieber

Ein Material, das die lineare Struktur der Zahlenreihe betont, ist der Rechenschieber. Er greift die Zahldarstellung der Rechenstreifen auf. Ein Zehner wird aus zwei Fünfern aufgebaut, die unterschiedlich kräftig gefärbt sind (etwa hellrot und dunkelrot). Mit *einem* solchen Streifen können die Kinder Zahlen darstellen und ablesen sowie durch Weitergehen bzw. Zurückgehen an der Punktreihe addieren und subtrahieren. Für einen Rechenschieber braucht man zwei Streifen, einen mit roten, den anderen mit blauen Punkten. So hat man die Möglichkeit, Zahlen in unterschiedlicher Farbe darzustellen. Die Ergebnisse können an einer Skala abgelesen werden, die auf einem der Streifen angebracht ist.

Die wesentliche Vereinfachung gegenüber Zahlenstreifen besteht darin, daß nicht jeweils einzelne Streifen herausgesucht werden müssen, sondern daß die Zahlbilder durch das Verschieben der Punktreihen gebildet werden.

Einen solchen Rechenschieber können die Kinder selbst herstellen.

Als Vorlage dient die Abbildung 2.10. Sie wird auf dünne Pappe kopiert oder geklebt und von den Kinder gefärbt (Punkte blau/rot). Soll der Rechenschieber etwas länger halten, empfiehlt es sich, die Streifen mit Folie zu überkleben.

Besonders einfach wird die Handhabung in Verbindung mit einer Setzleiste. Auch diese kann man selbst herstellen. Allerdings braucht man dazu eine Kreissäge (oder jemanden, der eine Kreissäge besitzt). Der Nut sollte etwa 3 mm breit und 10 mm tief sein. Eine andere Möglichkeit besteht darin, einen Holzrahmen für die Führung zu verwenden. (Abb. 2.11, S. 50)

Ordnet man die Punktreihen nicht linear, sondern kreisförmig an, werden aus dem Rechenschieber Rechenscheiben. (Abb. 2.12, S. 51) Durch Drehen der Scheiben werden die Zahlen eingestellt, die Ergebnisse sind an einer Skala am äußeren Rand abzulesen.

Felder und Reihen zum Zeichnen

Die Bedeutung von Feldern und Reihen ist bereits an verschiedenen Stellen in Verbindung mit geeigneten Materialien angesprochen worden. Diese Felder sind aber auch ohne zusätzliches Material gute Lernhilfen. Auf ihnen können die Kinder Zahlen eintragen und Rechnungen zeichnerisch ausführen. (Abb. 2.13, S. 52) In der Praxis bewährt hat sich die Verwendung abwischbarer Stifte (Overheadstifte oder Stifte mit einer Ölkreidemine, besser noch trocken abwischbare Stifte).

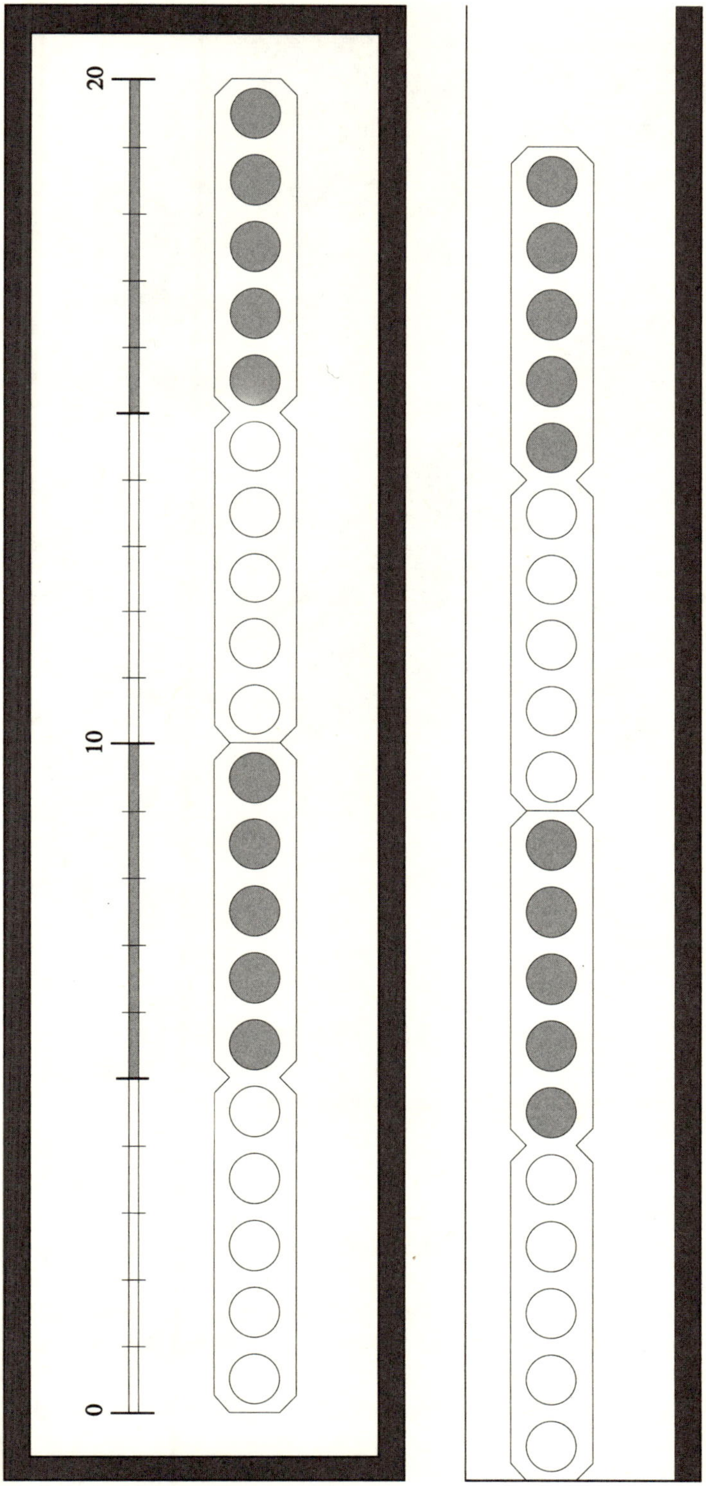

Abb. 2.10: Kopiervorlage
für einen Rechenschieber

Abb. 2.11: Kinder mit Rechenschieber

Die Felder werden mit Folie überzogen oder mit einer Klebefolie auf dem Tisch festgeklebt und stehen so den Kindern ständig zur Verfügung. Zusätzlich können Felder verwendet werden, auf denen bereits Zahlen eingetragen sind.

Einige mögliche Aktivitäten in Stichworten:

- Zahlen auf- und abdecken
- Additions-/Subtraktion saufgaben durch Ausmalen bzw. Streichen der entsprechen- den Felder lösen
- Das Subtrahieren kann auch durch Abdecken des Subtrahenden durchgeführt werden. Nimmt man dünnes Papier oder eine farbige Folie, so sind die abgedeckten Punkte noch schwach zu sehen.
- Addieren und Subtrahieren durch Weitergehen bzw. Zurückgehen auf der Tafel

Abb. 2.12: Rechenscheiben

Leitideen für den Umgang mit Materialien

Wie hilfreich Materialien für das Lernen sind, steht und fällt mit der Art, wie sie eingesetzt werden. Noch so schönes Material allein schafft keine Einsicht, sondern erst sein sinnvoller Gebrauch. Wenn Material nur verwendet wird, um ein starres Rechenschema zu erarbeiten, dann ist es schade um das Material. Auf diese Weise kann es keinen Beitrag zu freier Arbeit leisten.

In einem Unterricht dagegen, der Kinder zu aktiv-entdeckendem Lernen führen will, sind Lernmaterialien eine wichtige Hilfe auf diesem Weg. Sie können den Kindern helfen, ihre eigenen Rechenwege zu entdecken, ihre Überlegungen zu begründen und anderen mitzuteilen. Das kann nur in einem Unterricht gelingen, der Freiräume schafft und nutzt!

So notwendig es ist, eine breite Basis konkreter Erfahrungen zu schaffen, so wichtig ist es aber andererseits auch, daß die Kinder sich vom Material lösen. Dabei gibt es zwei mögliche Fehler: das Material zu schnell beiseite zu lassen und zum formalen Rechnen überzugehen, aber auch, sich zu lange an Material zu binden, wenn es schon entbehrlich ist.

In allen Phasen des Unterrichts sind daher Übungen besonders wichtig, die gezielt auf die *Verinnerlichung* der Handlungen hinarbeiten:

- Verdeckte Aufgaben: 7 Plättchen sind versteckt, 5 werden dazugelegt.
- Ergebnisse vorhersagen: 12 Plättchen sind da, 4 werden (gleich) weggenommen.
- Analogieaufgaben: 4+3 ist schon gelegt und zu sehen, wieviel ist wohl 14+3?
- Im Kopf rechnen, dann mit Material legen und überprüfen.

Abb. 2.13: Zwanzigerfeld zum Zeichnen

Die Stichworte zu Lernmaterialien für den Zahlenraum bis 20 können weder alle Details des Anfangsunterrichts noch die Probleme der Veranschaulichung umfassend klären (vgl. dazu die Anmerkungen im Anfangskapitel). Es wäre auch nicht gut, wenn Materialien den Gang des Unterrichts festschreiben würden. Wie und wo sie sinnvoll eingesetzt werden, ist die Entscheidung der Lehrerin. Nur sie kann ihre eigenen Vorstellungen, die Vorschläge des Schulbuchs und die Bedürfnisse ihrer Kinder aufeinander abstimmen.

Für detaillierte Aufgabenstellungen sei auf Schulbücher verwiesen, in denen Materialien (Wendeplättchen, Stäbe, Rechenstreifen in Verbindung mit Feldern) verwendet werden.

3. Der Zahlenraum bis 100: Vom Erstrechenunterricht zur Entdeckung des Zehnersystems

Erweiterung des Zahlbereichs und neue Einsichten

Die Erarbeitung des Zahlenraumes bis 100 ist aus mehreren Gründen eine besonders entscheidende Phase im Prozeß des Mathematiklernens, für viele Kinder auch in ihrer Schullaufbahn. Es ist eine Nahtstelle zwischen den ersten Zahlerfahrungen und dem späteren formalen Umgang mit Zahlen, wie er für die schriftlichen Rechenverfahren charakteristisch ist.

Viele Aspekte, die bereits angesprochen worden sind, bleiben auch bei der Erweiterung des Zahlenraums bedeutsam:

- die Komplexität des Zahlbegriffs
- die Möglichkeiten und Grenzen des Zählens
- die Entwicklung von Rechenstrategien
- die Bedeutung konkreten Materials
- die Probleme des Übergangs zu formaler Arithmetik.

Daß vieles weitergeführt und vertieft wird, bedeutet jedoch nicht, daß nur noch die Zahlen größer werden. Vieles muß mit größeren Zahlen neu und wiederentdeckt werden. So etwa sind die verschiedenen Zahlaspekte keineswegs im Zahlenraum bis 20 ein für allemal erarbeitet, so daß sie im weiteren nur noch abgerufen werden müßten. Vielmehr werden sie nun weiter ausgeformt, in neuen Darstellungen (z.B. in der Hundertertafel und am Zahlenstrahl) stärker genutzt und in neuen Erfahrungsbereichen verwendet (etwa der Maßzahlaspekt beim Umgang mit Geld, Längen und Zeitspannen).

Auch der Ausbildung leistungsfähiger Rechenstrategien kommt bei der Erweiterung des Zahlenraums eine (noch) größere Bedeutung zu. Sie werden nun für das Rechnen unersetzlich. Im gleichen Maße verliert das Zählen an Bedeutung. Während Aufgaben mit kleineren Zahlen sich noch zählend lösen lassen, hilft dieses Vorgehen im Zahlenraum bis 100 kaum noch. Kinder, die Aufgaben wie 37 + 19 durch schlichtes Weiterzählen lösen wollen, sind rettungslos verloren. Zumindest ist eine erhebliche Ausdifferenzierung des Zählens notwendig (z.B. im Fünfer- und Zehnerschritten weiterzählen).

Je größer die Zahlen werden, desto mehr müssen sich die Zahlvorstellungen vom konkret Vorgegebenen und leicht Überschaubaren lösen. Zunehmend wichtiger wird dabei auch der Umgang mit Zahlzeichen. Natürlich erfordert dies mehr als die Kenntnis von Zählwörtern. Wenn ein Kind »38« sagt oder bis 38 zählt, dann weiß es noch keineswegs alles über die 38. Daß 38 gleich 30+8 ist, um 1 größer als 37, genau

10 größer als 28, etwas anderes als 83 oder gar das Doppelte von 19 – dies alles ist damit noch nicht (zwangsläufig) verbunden. Es muß in mühsamer Arbeit mit Hilfe geeigneter Darstellungen erarbeitet werden. Dabei spielt die Entdeckung unseres dezimalen Stellenwertsystems eine zentrale Rolle. Für diese Entdeckung, die für den gesamten weiteren Umgang mit Zahlen fundamental ist, wird hier der Grund gelegt. Dabei können sich die Kinder hier noch nicht auf formale Rechenverfahren (*Algorithmen*) zurückziehen, die im wesentlichen nur auf der Verarbeitung von Ziffern nach bestimmten Regeln beruhen, wie später bei den schriftlichen Rechenverfahren. (Dies empfinden viele Kinder dann durchaus als Erleichterung.) Das Rechnen im Zahlenraum bis 100 stützt sich durchgehend auf *Zahlverständnis* und *Zahlvorstellungen*. Dies macht es ziemlich schwer, bietet aber auch besonders gute Chancen für entdeckendes Lernen.

Materialien kommt dabei eine doppelte Aufgabe zu: zum formalen Rechnen hinzuführen und es zugleich ständig mit konkreten Vorstellungen zu verbinden.

Endlich vollzieht sich im Zahlenraum bis 100 noch ein weiteres zentrales Ereignis: die Entdeckung des multiplikativen Aufbaus der Zahlen.

Dazu gehört viel mehr, als Einmaleinsreihen aufsagen zu können und am Ende zu einer Aufgabe das Ergebnis zu nennen. Zum einen müssen die Grundvorstellungen der Multiplikation ausgebildet werden, zum anderen muß ein Netz von Beziehungen innerhalb einer Einmaleinsreihe und zwischen verschiedenen Reihen geschaffen werden. Beides ist wiederum sehr stark an geeignete Materialien und bildliche Darstellungen gebunden.

So etwa kann $5 \cdot 6$ vieles bedeuten:
- 5 Reihen mit je 6 Plättchen
- 5 Sechserstäbe aneinandergelegt
- ein Rechteck aus 5mal 6 Quadraten
- 5 Sechsersprünge am Zahlenstrahl
- die fünfte Zahl der Sechserreihe in der Hundertertafel.

Alle diese Vorstellungen müssen entwickelt und miteinander verzahnt werden.

Rechenstrategien

Der Aufbau und die Nutzung von Rechenstrategien, die im Zahlenraum bis 20 schon eine wichtige Rolle spielten, werden nun vollends unentbehrlich. Kann man die Aufgaben des kleinen Einspluseins noch auswendig lernen oder gestützt auf das Zählen lösen, ist ein entsprechendes Vorgehen nun ganz und gar unzureichend. Es ist sicher nicht das Ziel, daß Kinder einfach *wissen*, daß 38+27 gleich 65 ist. Niemand könnte auf diese blinde Weise alle Aufgaben zum Addieren und Subtrahieren im Zahlenraum bis 100 lernen.

Was aufgebaut werden muß, ist etwas anderes: ein Vorrat an grundlegenden Techniken, die einsichtig und flexibel bei Bedarf eingesetzt werden können. Die folgende Liste von Zielen für die Addition zeigt die Komplexität dieser Anforderungen:

- zweistellige Zahlen in Zehner und Einer zerlegen und aus diesen zusammensetzen
- Einer- und Zehnerzahlen addieren

- zum nächsten Zehner ergänzen
- Aufgaben in Teilaufgaben zerlegen und diese ausführen
- verschiedene Rechenwege entdecken und nutzen
- Zusammenhänge zwischen verschiedenen Aufgaben erkennen und nutzen (Tauschaufgaben, verwandte Aufgaben, Umkehraufgaben, Nachbaraufgaben).

Diese Liste gibt allerdings nur einen Überblick über die *Lernziele*, die erreicht werden müssen. Welche *Lern- und Denkprozesse* dabei ablaufen, bleibt noch im dunkeln. Schon eine »einfache« Aufgabe wie 36+7= □ erfordert eine Vielzahl von Überlegungen:

- die Ergänzung zum nächsten Zehner als sinnvolle Strategie erkennen
- die passende Ergänzung (4) suchen
- die 7 entsprechend zerlegen (7=4+3)
- die Ergänzung ausführen
- wissen, zu welchem Zehner man dabei kommt (40)
- die 3 als Rest nicht vergessen und (zu 40) addieren.

Alle diese Überlegungen müssen – und das ist sicher nicht die geringste Leistung – auch noch sinnvoll »zusammengebaut« werden, was mit einer Fülle von Informationsverarbeitungs- und -speicherungsprozessen verbunden ist. Je nach Darstellung und verwendetem Material ergeben sich zudem weitere Verfeinerungen und Aspekte. Endlich verlangt es ein beträchtliches *Metawissen*, verschiedene Wege zu finden, sie zu vergleichen und den günstigsten Weg auszuwählen.

Lernmaterialien und subjektive Erfahrungsbereiche

Die bereits früher angesprochene Frage, welche Materialien für das Lernen sinnvoll und notwendig sind, stellt sich hier besonders drängend.

Zahlen haben viele Gesichter: Die 37 in der Hundertertafel, die 3 Zehner und 1 Siebener als Stäbe aneinandergelegt, 3 Beutel mit 10 Kastanien und 7 einzelne dazu, 3 Groschen und 7 Pfennige – das sind zunächst einmal für die Kinder verschiedene »Siebenunddreißig«. Dadurch, daß sie mit demselben Zahlwort bezeichnet werden, verschmelzen sie durchaus noch nicht.

Darüber hinaus kann man an vielen Beispielen beobachten, daß eine bestimmte Einsicht in der einen Darstellung gewonnen wird, in einer anderen (noch) nicht. Das ist nicht überraschend, da in jeder Darstellung andere Handlungs- und Vorstellungsmuster auftreten. So kann beispielsweise »10 addieren« bedeuten:

- einen Zehnerstab anlegen
- in der Hundertertafel einen Schritt nach unten gehen
- 10 DM dazulegen
- um 10 weiterzählen.

Aus diesen Handlungen wird erst nach und nach ein »Plus-10-Schema«, das abgerufen und beim Rechnen eingesetzt werden kann. Lange Zeit jedoch ist der Umgang mit Zahlen noch an den Kontext gebunden, in dem sie erscheinen. Es werden – um eine moderne Beschreibung zu gebrauchen – verschiedene *subjektive Erfah-*

rungsbereiche (Bauersfeld, 1983) aufgebaut. In ihnen eröffnen sich spezifische Handlungsmöglichkeiten, durch die Zahlen und Rechenoperationen Sinn erhalten. Für das Lernen sind sowohl die Verankerung in diesen Bereichen als auch Übersetzungen zwischen ihnen notwendig. Beides erfordert Anstrengungen und kann zu Fehlern führen.

Der Ausweg aus diesen Schwierigkeiten aber kann nicht darin bestehen, sich auf *ein* Material oder *eine* Darstellung zu beschränken. Dies würde allenfalls vordergründig zu einer Verringerung der Probleme führen, die Erfassung verschiedener Zahlaspekte könnte so jedoch nicht gelingen. Vielmehr muß man jeweils darüber nachdenken, welche Veranschaulichung und welches Material am besten geeignet ist, Möglichkeiten für aktiv-entdeckendes Lernen zu schaffen.

Für die Arbeit im Zahlenraum bis 100 bedeutet dies, daß insbesondere die Darstellungen der Zahlen in der Hundertertafel und am Zahlenstrahl weiterentwickelt werden müssen. Grundideen des Rechnens sollten sich auf beide Veranschaulichungen stützen, mal ist die eine, mal die andere vorteilhaft. Den Übersetzungen zwischen den Darstellungen kommt dabei besondere Bedeutung zu.

Lernen durch Handlungen, Bilder und Symbole

Es gehört zu den wichtigen und unbestrittenen Erkenntnissen der neueren Didaktik, daß der Erwerb und der Gebrauch von Wissen sich in unterschiedlichen *Repräsentationsformen* abspielen kann, *enaktiv* in Handlungen, *ikonisch* in Bildern und *symbolisch* in Zeichen. Diese auf Bruner (1970) zurückgehende Beschreibung ist als *EIS-Prinzip* in der Mathematikdidaktik vertraut.

Lernmaterialien sind keineswegs nur der enaktiven Ebene zuzuordnen. Schon wenn die Kinder mit Punktfeldern oder am Zahlenstrahl arbeiten, kommt deutlich eine ikonische und symbolische Komponente hinzu. Punkte im Feld und Intervalle am Zahlenstrahl sind nicht mehr konkrete Objekte, mit denen hantiert wird, sondern Bilder, die allenfalls stellvertretend für Objekte stehen. Noch deutlicher wird die Loslösung von der enaktiven Ebene, wenn auf den Feldern gezeichnet wird oder Zahlen eingetragen werden. Die Handlungen werden nun nicht mehr an konkreten Objekten, sondern an Bildern und Zeichen ausgeführt. Gerade bei größeren Zahlen werden diese abstrakteren Handlungsmöglichkeiten zunehmend wichtiger. Sie halten die konkreten Handlungen bildlich oder symbolisch fest und erleichtern so die Abstraktion vom Konkreten und den Übergang zur formalen Arithmetik.

Im Unterricht sollten Materialien für jede der genannten Darstellungsebenen zur Verfügung stehen. Die Arbeit wird keineswegs immer in der Richtung von Handlungen über Bilder zu Symbolen verlaufen, sondern sich auf die für das einzelne Kind geeignete Darstellung stützen.

Didaktische Differenzierung

Das Problem der Differenzierung wird im 2. Schuljahr besonders drängend, da hier die Leistungen der Kinder bereits weit auseinanderklaffen. Während die einen sich mühelos im Zahlenraum bis 100 bewegen und flexibel rechnen können, tun sich andere selbst mit (scheinbar) einfachen Aufgaben außerordentlich schwer. Schlimmer noch: Die Kluft, die hier entsteht, läßt sich später kaum noch schließen. Trotz aller Förderbemühungen werden die Unterschiede eher größer als geringer.

Niemand hat ein Rezept für die Vermeidung oder die Therapie dieser Probleme. Dennoch kann eine wirksame Hilfe nicht in einem Förderangebot im nachhinein bestehen, sondern muß im normalen Unterricht stattfinden. Dies kann nur in einer vom Lernprozeß her konzipierten Differenzierung geschehen. Dabei ist nicht die Anzahl der Aufgaben entscheidend, sondern die Entwicklung geeigneter Stützen für einsichtiges Lernen. Für ein Kind, das mit 20 Aufgaben nicht zurechtkommt, werden 20 weitere Aufgaben sicher keine Hilfe sein, sondern das Mißerfolgserlebnis noch verstärken. Dabei bringt auch eine freundliche Verpackung in spielerische und (angeblich) motivierende Übungsformen wenig. Die Hilfen müssen im Kern des Lernprozesses einsetzen, d.h. dort, wo Zahlvorstellungen und Rechenverfahren entwickelt werden. Unverzichtbar sind dabei geeignete Lernmaterialien, mit deren Hilfe Kinder die Grundideen des Rechnens konkret erfahren können. Allerdings wird auch hier ein Dilemma sichtbar: Bei der einsichtigen Verwendung von Materialien, der Verinnerlichung der gewonnenen Erfahrungen, dem Transfer auf analoge Aufgaben und der späteren Erinnerung zeigen sich ebenfalls wiederum große Unterschiede zuungunsten der schwächeren Kinder. So löst Material sicher nicht alle ihre Probleme, aber ohne Material gibt es für sie kaum Chancen.

Daher wäre es ein Kurzschluß, aus den Schwierigkeiten die Folgerung zu ziehen, besser gleich auf Lernmaterialien zu verzichten. Wohl aber muß die Lehrerin sehr genau darüber nachdenken, welches Material helfen kann, wie die Kinder mit ihm umgehen, wann sie sich von ihm lösen können und wann wieder darauf zurückgreifen müssen. Dabei wird es erhebliche Unterschiede zwischen den Kindern geben, die trotz aller Bemühungen nicht verschwinden werden. Es wäre bereits viel gewonnen, wenn die grundlegenden Fähigkeiten für den Umgang mit Zahlen von *allen* Kindern entwickelt würden. Schon dies ist ein hochgestecktes Ziel, das – wie jede Lehrerin weiß – nur mit großen Anstrengungen zu erreichen ist.

Lernmaterialien für den Zahlenraum bis 100

Der Zahlenraum bis 100 hat seit jeher die Erfinder von Lernmaterialien besonders herausgefordert. Angesichts der komplexen Aufgaben, die in diesem Bereich zu bewältigen sind, ist dies durchaus verständlich.

Dabei können nur solche Materialien den Kindern helfen, die den Aufbau der Zahlen und die Grundideen des Rechnens einsichtig machen. Beispiele sind auf den folgenden Seiten gesammelt.

Materialien zum konkreten Bündeln

Material ohne eigene Struktur ist schon bei kleinen Zahlen problematisch. Erst recht zeigt sich seine Unzulänglichkeit, wenn die Zahlen größer werden. Sinnvolle Möglichkeiten ergeben sich erst, wenn den Materialien eine Struktur, insbesondere eine Zehnergliederung, gegeben wird. Die Zehnerbündelung, die für den gesamten weiteren Aufbau fundamental ist, können und sollten die Kinder selbst konkret mit einfachen Materialien durchführen:

- 10 Steckwürfel zu einem Zehnerturm zusammenbauen
- aus 10 Büroklammern eine Zehnerkette machen
- je 10 Bonbons in einen kleinen Beutel verpacken
- 10 Perlen zu einer Kette auffädeln
- 10 Pfennigstücke auf einen Pappstreifen kleben.

Auf diese Weise erhält man mit geringem Aufwand ein Lernmaterial, das sehr gut geeignet ist, um Zahlvorstellungen aufzubauen. Die 37 erscheint als 3 Zehner und 7 Einer. Gut brauchbar ist das Material auch noch zur Entwicklung des Verständnisses für Rechenoperationen und für einfache Rechnungen (Zehner addieren und subtrahieren, zum Zehner ergänzen, Einer ohne und mit Zehnerüberschreitung addieren und subtrahieren). Die Rechenoperationen werden konkret durch Handlungen (Hinzufügen/Wegnehmen) veranschaulicht, die mit den Objekten Zehner und Einer durchgeführt werden. Weniger geeignet sind diese Materialien bei komplexeren Rechnungen. Zum einen sind die Handlungen (Umstecken, Auffüllen, Zerlegen) ziemlich zeitaufwendig, zum anderen sind die Rechenwege im nachhinein nicht mehr zu erkennen. Wenn beispielsweise die Aufgabe 35+17 gelöst worden ist, sieht man nur das Ergebnis 52, nicht aber die ursprüngliche Aufgabe und die Schritte, in denen man zum Ergebnis gekommen ist.

Trotz der Grenzen des Einsatzes sollte jedoch mindestens ein Material dieser Art in der Klasse zur Verfügung stehen. Die *Pfennigrechenmaschine* (Abb. 3.1) haben wir in einer Viertelstunde mit Kindern hergestellt. Je zehn Pfennigstücke werden mit Tesafilm auf Kartonstreifen geklebt. Entsprechend kann man bei Bedarf auch Zweier, Dreier, ..., Neuner herstellen. Auf einem Quadratraster passender Größe können die Kinder damit ein Hunderterfeld aufbauen und darin rechnen. Verwendet man rote und blaue Streifen, lassen sich zudem die Zahlen bei Additionsaufgaben leicht unterscheiden.

Ein Material, das ein wenig stärker strukturiert ist, sind die früher bereits erwähnten Wendescheiben, mit denen sich Zahlen aus Zehnern und Einern aufbauen lassen. Sie verbinden eine leicht erkennbare Zehnergliederung mit der Möglichkeit des Farbwechsels. Damit lassen sich nicht nur die dargestellten Zahlen optisch unterscheiden, sondern auch Beziehungen zwischen verschiedenen Aufgaben gut sichtbar machen.

Nützlich ist unstrukturiertes Material auch bei der Erarbeitung der Multiplikation. So kann man etwa Einmaleinsreihen in vielfältiger Weise durch Türme aus Steckwürfeln, durch Ketten aus Büroklammern, durch in Tütchen verpackte Bonbons darstellen.

Rechenrahmen

Eine Weiterentwicklung der unstrukturierten Materialien ist die bekannte Perlenrechenmaschine. Die Zehner sind auf Stangen aufgereiht, sowohl einzelne Perlen wie auch ganze Zehner lassen sich mit einem Griff verschieben. Für die Veranschaulichung größerer Zahlen ist ein solches Gerät hervorragend geeignet. Um die 38 darzu-

Abb. 3.1: Die Pfennigrechenmaschine

stellen, braucht man nun nicht mehr einzelne Objekte mühsam zu Zehnern zu bündeln oder in Zehnerreihen zu legen, sondern nur noch »zehn, zwanzig, dreißig, achtunddreißig« zu schieben – das geht so schnell, wie man die Zahlen nennt.

Bei anspruchsvolleren Rechnungen allerdings hat diese schöne Erfindung dann doch leider deutliche Mängel. Eine Aufgabe wie 48+27 ist schwer darzustellen, weil die Perlen feste Farben haben und so die beiden Summanden nur räumlich durch Auseinanderschieben abzugrenzen sind. Schiebt man die Perlen zusammen, so ist von der Aufgabe nichts mehr zu sehen.

Mehr Möglichkeiten bietet ein Rechengerät, das von H. Petersen erfunden worden ist und von verschiedenen Lehrmittelverlagen angeboten wird. (Abb. 3.2). Es besteht aus hundert Würfeln, die einzeln so gedreht werden können, daß eine rote oder blaue Fläche zu sehen ist, jeweils mit und ohne Zahlen. Allerdings ist dieses Gerät ziemlich sperrig und daher eher zur Demonstration als zur Einzelarbeit geeignet.

Eine andere technische Lösung besteht darin, daß kleine Quader so angebracht werden, daß sie durch leichtes Antippen in eine andere Position gebracht werden können. (Ein entsprechendes Gerät mit zwanzig Quadern zeigt die Abb. 2.4, S. 42.) Auf der Vorderseite erscheinen zwei verschiedenfarbige Flächen, auf der Rückseite die Zahlen von 1 bis 100. So ist das Gerät je nach Bedarf als *Hunderterfeld* mit Farbaufteilung (»*Wendetafel*«) oder als *Hundertertafel* mit Zahlen zu verwenden. Die Trennung

Abb. 3.2: Würfelrechengerät von H. Petersen

dieser beiden Darstellungen hat didaktisch einige Vorteile. Besonders einfach wird die Arbeit dadurch, daß alle hundert Quader durch eine leichte Kippung in die Ausgangslage gebracht werden können. So kann das Gerät mit einem Handgriff für die nächste Aufgabe vorbereitet werden. Diese Konstruktion erlaubt auch eine kleinere Ausführung als Arbeitsmaterial für Kinder.

Mit diesen Rechenmaschinen kann in vielfältiger Weise gearbeitet werden. Zahlen können durch Kippen der Elemente in verschiedenen Farben dargestellt und Additions- und Subtraktionsaufgaben konkret durch Zusammenschieben oder Wegschieben der Quader gelöst werden. Auf einer späteren Stufe reicht es, nur die Rechenschritte mit Hilfe der aufgedruckten Zahlen festzuhalten. Ebenso werden Multiplikationsaufgaben zunächst durch entsprechende Felder veranschaulicht, später die Einmaleinsreihen auf der Zahlentafel eingestellt.

Natürlich ist – wie bei jedem anderen Lernmaterial – auch die Arbeit mit den Rechenmaschinen um so fruchtbarer, je stärker operative Beziehungen zwischen verschiedenen Aufgaben betont werden.

Was passiert, wenn ...

- ein blauer Würfel zur Seite geschoben wird
- 10 rote Würfel hinzukommen
- ein Würfel seine Farbe wechselt?

Solche Fragen lassen sich mit der Rechenmaschine leicht konkretisieren und beantworten.

Rechenstäbe und Rechenstreifen

Diese Materialien sind schon im Zahlenraum bis 20 eingesetzt und dort ausführlich beschrieben worden. Ihr Vorteil besteht darin, daß Zahlen nicht mehr durch einzelne Objekte (Plättchen, Steckwürfel ...) repräsentiert werden, sondern durch Stäbe oder Streifen entsprechender Länge. Dadurch ergeben sich neue, weiter reichende Möglichkeiten für die Arithmetik.

Für die Arbeit mit größeren Zahlen sollten die Stäbe durchgehend in Verbindung mit Hunderterfeldern und -leisten eingesetzt werden. Erst dadurch lassen sich die Möglichkeiten der Stäbe voll nutzen. Schöner als ein schlichtes Feld ist ein kleines Brett, in dem die Stäbe einen festen Halt haben. (Abb. 3.3) Man kann es mit geringem Aufwand selbst herstellen. Damit kann man im Prinzip so rechnen, wie bei der Rechenmaschine mit hundert Quadern beschrieben. Zudem ergeben sich weitere Möglichkeiten dadurch, daß man die Stäbe leicht umordnen kann. Dadurch eignet sich das Material für vielfältige Übungen:

- Zahlen werden durch Zehner und Einer dargestellt.
- Beim Addieren wird ein Summand mit roten, der andere mit blauen Stäben gelegt. Durch Umordnen und geeignetes Zerlegen wird die Summe ermittelt.
- Das Subtrahieren kann als Abziehen (Wegnehmen oder Abdecken) oder als Ergänzen durchgeführt werden.
- Multiplikationsaufgaben lassen sich durch Rechtecke aus gleich langen Stäben veranschaulichen, wobei allerdings nur die Aufgabe, nicht schon das Ergebnis zu erkennen ist.

Deutlicher als im Hunderterfeld werden viele Rechenwege in einer *linearen Darstellung*. Der entscheidende Vorteil ist, daß die Überlegungen nicht ständig durch die Zehnergliederung des Hunderterfeldes unterbrochen werden, sondern in natürlicher Weise in der Zahlenreihe ablaufen. »36+10« wird als Weitergehen um 10 von der 36 erfahren.

Als Material braucht man dazu einen Hunderterstreifen. Am einfachsten erhält man ihn aus Papier oder Pappe. Für längeren Gebrauch praktischer ist eine Leiste aus Holz, die mit relativ geringem Aufwand herzustellen ist. Um die Ergebnisse ablesen zu können, muß die Leiste mit einer Hunderterskala versehen werden. Die Hunderterleiste ist im Prinzip genauso herzustellen wie die früher beschriebene Dreißigerleiste (Abb. 2.8).

Die Vorteile der linearen Darstellung zeigen sich schon bei der *Addition*. Mit der Leiste kann jeder Rechenweg problemlos dargestellt werden. 27+18 läßt sich als (20+10)+(7+8) oder als (27+10)+8 oder als (27+8)+10 oder als (27+3)+15 legen. In jedem Fall sehen die Kinder die jeweils hinzugelegten Stäbe und die Zwischenergebnisse. Dies erleichtert auch die Übersetzung in Zahlzeichen: Die Aufgaben werden so aufgeschrieben, wie sie zu sehen sind.

Subtraktionsaufgaben lassen sich ebenfalls einfach veranschaulichen. Die abzuziehende Zahl wird über die Ausgangszahl gelegt, das Ergebnis an der Skala abgelesen. Auch hier sind wieder verschiedene Rechenwege möglich.

Nicht zu übertreffen ist die lineare Darstellung bei der Erarbeitung des *Einmaleins*. Die Aufgaben lassen sich einfach darstellen, zudem können die Kinder – anders als bei zweidimensionalen Veranschaulichungen – auch das Ergebnis ablesen. Beziehungen *innerhalb* einer Reihe werden durch Hinzunehmen oder Entfernen von Stäben erarbeitet.

Abb. 3.3: Hunderterbrett mit Rechenstäben

Beispiele:

$6 \cdot 8 = 5 \cdot 8 + 8$	Ein Achterstab wird dazugelegt.
$6 \cdot 8 = 3 \cdot 8 + 3 \cdot 8$	Die Stabreihe wird zerlegt.
$9 \cdot 8 = 10 \cdot 8 - 8$	Ein Achterstab wird weggenommen.

Auch Beziehungen *zwischen* verschiedenen Reihen werden sichtbar, wenn man die Reihen mit den jeweiligen Stäben nebeneinander in der Hunderterleiste legt.

Beispiele:

$7 \cdot 5 = 5 \cdot 7$	7 Fünfer sind so lang wie 5 Siebener.
$3 \cdot 8 = 6 \cdot 4$	3 Achterstäbe sind genauso lang wie 6 Viererstäbe.
$7 \cdot 7 = 5 \cdot 10 - 1$	7 Siebener sind fast so lang wie 5 Zehner, ein Einer fehlt.

Endlich läßt sich auch die *Division* in konkrete Handlungen übersetzen. 42:6 bedeutet: 42 wird durch Sechserstäbe ausgemessen. Dazu braucht man 7 Stäbe. Bei der Lösung der Aufgabe wird zugleich die Beziehung zu der zugehörigen Multiplikationsaufgabe hergestellt. Das Ergebnis läßt sich in zweifacher Weise beschreiben: 42:6=7 und 7·6=42. Eine andere Deutung derselben Aufgabe: 42 wird durch 6 gleich lange Stäbe ausgemessen. Alle Handlungen lassen sich auf Divisionsaufgaben übertragen, bei denen ein Rest bleibt.

Grundsätzlich eignen sich für die beschriebenen Aktivitäten statt der Stäbe auch (Wende-)Streifen aus stabiler Pappe. Allerdings sollte dabei für die Einer ein Quadrat mit 2 cm Seitenlänge gewählt werden, die anderen Streifen werden entsprechend länger. Für die Arbeit am Hunderterfeld ist das größere Format durchaus ein Vorteil. Der Hunderterstreifen wird nun jedoch 2 Meter lang und damit etwas unhandlich.

Eine Warnung ist für die Arbeit mit den Stäben notwendig. Gerade weil viele Aufgaben sich mit ihnen so problemlos konkret lösen lassen, besteht die Gefahr, daß die Kinder sich allzusehr auf das Material verlassen. Statt das Denken und Rechnen zu stützen, könnten die Stäbe so zum blinden Hantieren verleiten.

Um dies zu vermeiden, sind Übungen besonders wichtig, die gezielt auf die *Verinnerlichung* der mit dem Material gewonnenen Erfahrungen abzielen und *Einsicht* erzeugen. Dazu eignen sich insbesondere alle Übungen mit dem Material, die bewußt zum Kopfrechnen anregen, wie etwa

- Operationen verdeckt ausführen und das Ergebnis vorhersagen
- im Kopf rechnen, dann erst mit den Stäben überprüfen
- die Auswirkungen von operativen Veränderungen beschreiben.

Hunderterfelder

Felder mit Punkten oder Quadratrastern gehören zur Standardausrüstung der Grundschule und sind seit Jahrzehnten bei der Erarbeitung des Hunderterraums von Nutzen. Wie diese Tafeln in Verbindung mit Rechenstäben eingesetzt werden können, ist oben bereits beschrieben. Ohne diese Hilfen ergeben sich einige Probleme, weil die Hundertertafel noch sehr eng mit dem Zählen verbunden bleibt. So fällt es den Kindern nicht schwer, die Tafel entsprechend der Zahlwortreihe zeilenweise zu belegen, nach kurzer Zeit auch spaltenweise. Erst bei weiteren Aufgabenstellungen wird deutlich, wie unzulänglich die damit verbundene Zahlvorstellung noch ist, etwa wenn Zahlenkarten in eine Tafel mit größeren Lücken eingefügt werden sollen. Wo paßt die 64 hin? Daß sie etwas mit der Belegung von 64 Feldern oder dem 64. Feld zu tun hat, ist vielen Kindern keineswegs klar. Sie steht hinter der 63, vor der 65, unter der 54, über der 74. Die 74 scheint ein genauso guter Nachbar der 64 zu sein wie die 65. Es ist mehr die Struktur der Tafel, an der sich die Kinder orientieren, als das Nachdenken über Zahlen. Die 64 ist ein Etikett, das nach gewissen Regeln an der Tafel angebracht wird. Die Verbindung zu Zahlvorstellungen fehlt noch weitgehend.

Versieht man die Felder mit Zahlen, ist auch nicht viel gewonnen. Die Kinder ordnen nun zwar Zahlen bestimmten Feldern zu, aber der Übergang von 74 zu 84 wird nicht als Weitergehen um zehn Schritte und damit als Addition gedeutet. Auch Pfeile, die die Rechnungen als Schritte in der Tafel deutlich machen sollen, helfen (zunächst) nicht weiter.

Dennoch ist die Hundertertafel viel zu schade, um nur an der Wand zu hängen und hin und wieder einmal zufällig herangezogen zu werden. Es lohnt sich, darüber nachzudenken, wie man sie zu einem wirkungsvollen *Lernmaterial* machen kann – und das heißt zu einem Feld, in dem die Kinder handelnd lernen können (Abb. 3.4).

Der im folgenden beschriebene Vorschlag greift eine Anregung für die Arbeit mit dem Hunderterfeld auf, die sich schon bei Kühnel (1916) findet, in ähnlicher Form bei Wittmann/Müller (1990).

Abb. 3.4: Hundertertafel – selbstgemacht

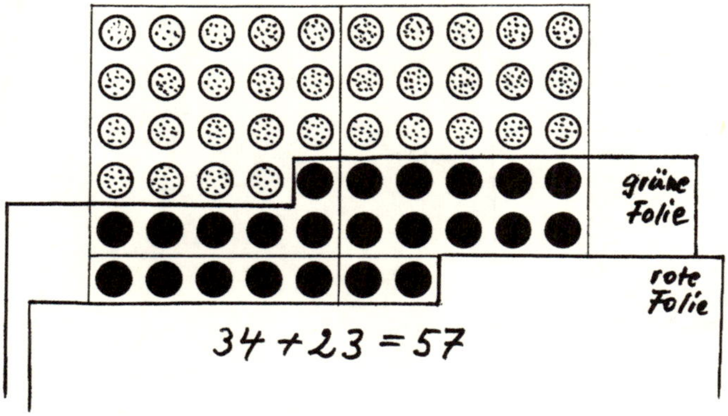

Abb.3.5: Addieren mit Folienwinkeln

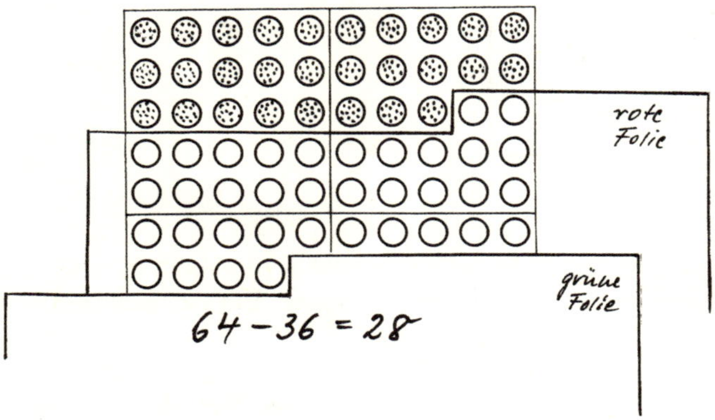

Abb.3.6: Subtrahieren mit Folienwinkeln

Als Hilfsmittel braucht man nur einen Pappwinkel, mit dem Teile eines Feldes auf- oder abgedeckt werden können. Auf diese Weise lassen sich Zahlen einfach darstellen. Die 48 ist in dieser Darstellung nicht mehr nur die Bezeichnung eines Feldes, sondern wird mit 48 Punkten verbunden. Dadurch ergeben sich für die Arbeit an der Hundertertafel völlig neue Handlungsmöglichkeiten.

Allerdings gibt es Probleme, wenn man etwa eine Additionsaufgabe schrittweise nachvollziehen will. »48+27« bedeutet: Zunächst 48 einstellen, dann den Winkel um zwei Zeilen nach unten verschieben, dann noch um 7 weiter (erst um 2 bis 70, danach um 5). Die Hauptschwierigkeit besteht für die Kinder darin, das Verschieben um eine Reihe nach unten mit der Addition von 10 in Verbindung zu bringen. Das ist nicht verwunderlich, denn wo sind die 10 Punkte, die hinzugekommen sind? Außerdem ist die Aufgabe im nachhinein nicht mehr abzulesen, wodurch das Nachdenken über den Lösungsweg und das Auffinden von Fehlern erschwert wird.

Diese Schwierigkeiten kann man beheben, wenn man zwei Winkel aus Folien benutzt, einen roten und einen grünen. Sie lassen sich leicht herstellen, indem man eine Overheadfolie mit selbstklebender farbiger Folie überklebt. Auch farbige Plastikhüllen eignen sich gut. Die Folien werden so eingeschnitten, daß sich Punktreihen damit teilweise abdecken lassen. Die roten Punkte eines Hunderterfeldes erscheinen unter der grünen Folie schwarz. Liegen beide Folien übereinander, sind die Punkte gar

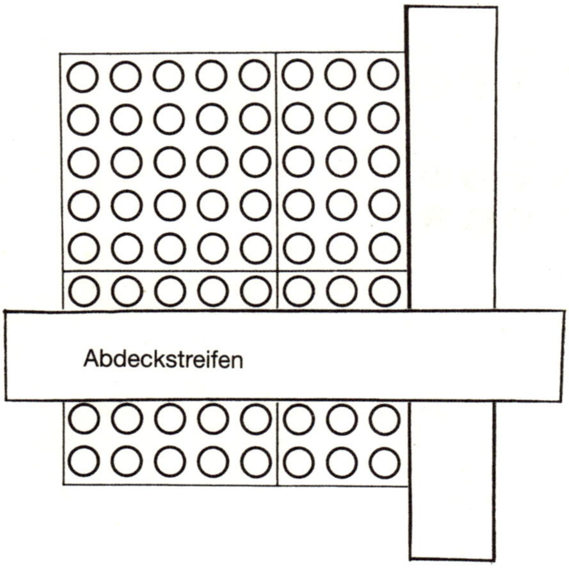

Abb. 3.7: 6 · 8 am Punktfeld

nicht mehr zu sehen. Damit nun sind Additionsaufgaben so darstellbar, daß die beiden Summanden in verschiedenen Farben zu erkennen sind. Ein Beispiel für die Addition mit diesen Folienwinkeln zeigt die Abbildung 3.5.

Das *Subtrahieren* ist ebenfalls einfach. Es kann als Abziehen oder Ergänzen durchgeführt werden. Will man etwa die Aufgabe 64–36 rechnen, legt man zunächst die grüne Folie so auf, daß 64 rote Punkte zu sehen sind. Von diesen deckt man nun mit der roten Folie 36 Punkte ab, die auf diese Weise fast (je nach Tönung der Folie) verschwinden, aber man sieht noch, wie viele abgezogen werden. 28 Punkte bleiben übrig. (Abb. 3.6)

Auf diese Weise wird aus der Hundertertafel eine praktische *Rechenmaschine.* (Entsprechende Möglichkeiten gibt es natürlich auch schon für die Zwanzigertafel.) Besonders einfach wird sie dadurch, daß man beliebige Zahlen aus dem Hunderterfeld ausblenden kann ohne zusätzliches Material wie etwa die Streifen. Dadurch läßt sich jede Additions- und Subtraktionsaufgabe im Zahlenraum bis 100 handelnd und anschaulich lösen. Nach einiger Zeit kann man dann weiter abstrahieren und die Teilschritte nur noch durch die Bewegung des Winkels angeben oder die Aufgaben und Rechenwege mit (durchsichtigen) Kunststoffplättchen notieren.

Natürlich muß auch diese Veranschaulichung gelernt werden, aber diese Mühe lohnt sich.

Technische Hinweise

- Die beschriebene Tafel kann man relativ schnell mit roten Klebepunkten herstellen. Zur Vervielfältigung braucht man allerdings einen Farbkopierer. Zur Not tut es aber auch ein normales Hunderterfeld mit Kreisen. Dabei gehen zwar einige

reizvolle Möglichkeiten verloren, die sich aus dem Zusammenspiel von farbigen Punkten und Folien ergeben, aber die Grundideen bleiben erkennbar.
- Die Orientierung in der Tafel wird für die Kinder leichter, wenn in die roten Punkte die Zahlen von 1 bis 100 (klein) hineingeschrieben werden.

Eine klassische Verwendungsmöglichkeit des Hunderterfeldes bietet sich bei der Erarbeitung der *Multiplikation.* Auch dazu findet man Vorschläge schon in der traditionellen Rechenmethodik (Kühnel, 1916) und in älteren Schulbüchern (z.B. *Die Welt der Zahl*, 1972) ebenso wie in neueren Konzepten (vgl. etwa Wittmann/Müller, 1990). Zur Veranschaulichung von Malaufgaben braucht man nur zwei Pappstreifen, mit denen Teile des Hunderterfeldes ausgegliedert werden. Zu jeder Einmaleinsaufgabe gehört ein rechteckiges Punktfeld.
Wichtig ist hier wie überall, wo es um einsichtiges Lernen geht, daß die Veranschaulichung nicht statisch verwendet, sondern daß mit ihrer Hilfe Beziehungen erarbeitet werden. Am Beispiel der Aufgabe 6 · 8 einige Stichworte:

- Die Aufgabe wird schrittweise aufgebaut: 1 · 8, 2 · 8, ... 6 · 8. Dazu wird ein Streifen Zeile für Zeile nach unten geschoben.
- Auch rückwärts kommt man zu 6 · 8: 10 · 8, 9 · 8, ..., 6 · 8.
- Die einfache Aufgabe 5 · 8=40 wird als Stützaufgabe genutzt. Eine Achterreihe kommt hinzu, also ist 6 · 8=40+8=48.
- 6 · 8 ist genau das Doppelte von 3 · 8 (oder auch von 6 · 4).
- Das Ergebnis von 6 · 8 kann man auch durch Rückgriff auf die Fünfergliederung erhalten: 6 · 8=5 · 5+3 · 5+1 · 5+1 18 3 3.
- Von 6 · 8 kommt man zu Aufgaben aus anderen Reihen, z.B. zu 6 · 9 oder 6 · 7.

Jede dieser Einsichten wird durch eine entsprechende Handlung gestützt!

Felder zum Zeichnen und Schreiben

Um den Kindern den schwierigen Übergang zum formalen Rechnen zu erleichtern, ist es notwendig, die konkret mit den Rechenstäben und ikonisch mit Punktfeldern gewonnenen Einsichten auch zeichnerisch festzuhalten. Dabei sind Hundertertafeln und -felder (mit oder ohne Zahlen) ebenfalls eine unentbehrliche Hilfe (Kopiervorlage Abb. 3.8).

Aus diesem Feld erhält man ein vielseitiges Arbeitsmittel, wenn man es mit Folie überzieht. Darauf können die Kinder mit abwischbaren Stiften Zahlen und Rechnungen notieren (Abb. 3.9, S. 69).

Zahlen werden als Ketten aus Zehnern und Einern aufgebaut und im Feld am Ende der Kette notiert. Addieren bedeutet, zwei Ketten (in verschiedener Farbe) aneinanderzuhängen. Etwas schwieriger wird das Subtrahieren. Dazu muß eine Kette gekürzt werden. Dies kann durch Löschen oder Durchstreichen des entsprechenden Stückes geschehen (Abb. 3.10, S. 70).

1	2	3	4	5	6	7	8	9	10
11	12	13	14	15	16	17	18	19	20
21	22	23	24	25	26	27	28	29	30
31	32	33	34	35	36	37	38	39	40
41	42	43	44	45	46	47	48	49	50
51	52	53	54	55	56	57	58	59	60
61	62	63	64	65	66	67	68	69	70
71	72	73	74	75	76	77	78	79	80
81	82	83	84	85	86	87	88	89	90
91	92	93	94	95	96	97	98	99	100

Abb. 3.8: Hunderterfeld (Kopiervorlage)

Abb. 3.9: Rechnen im Hunderterfeld

Wenn die Kinder mit dieser Darstellung vertraut sind, können sie die Rechenwege auch durch Pfeile festhalten oder die Zahlen nur noch mit transparenten Plättchen belegen (Abb. 3.11, S. 70).

Wichtig ist, daß die unterschiedlichen Darstellungen im Sinne *fortschreitender Schematisierung* aufeinander aufbauen und am Ende das Rechnen mit Symbolen stützen. Auf diesem Weg gibt es vielfältige Möglichkeiten für didaktische Differenzierung. Es spricht nichts dagegen, daß schwächere Kinder noch mit konkretem Material arbeiten, während andere schon besser bildlich und symbolisch zurechtkommen.

Mit diesen Zeichenfeldern ergeben sich auch neue Darstellungen für die *Multiplikation*. Die Siebenerreihe etwa kann zunächst als Kette gezeichnet, dann kürzer durch Markieren der Siebenerzahlen in der Hundertertafel dargestellt werden (Abb. 3.12).

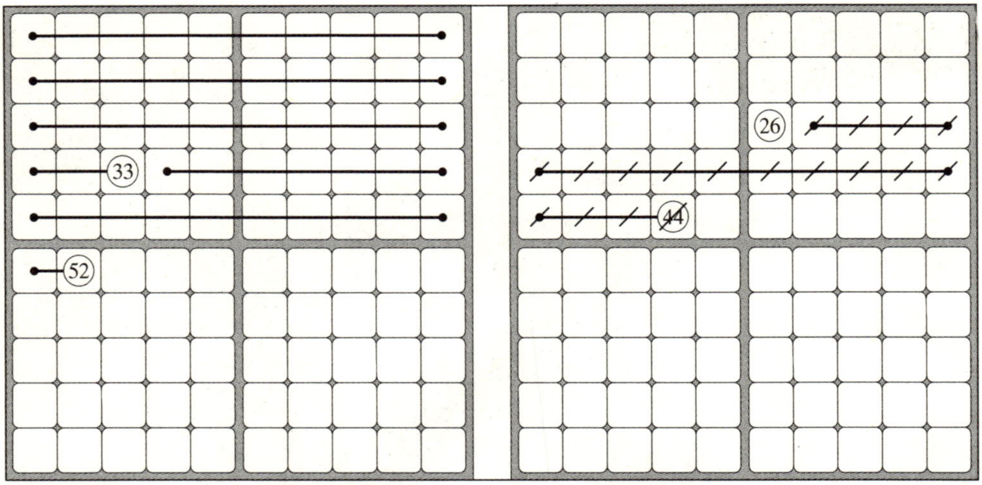

33+19 = 52

44–18 = 26

Abb. 3.10: Addieren und Subtrahieren im Hunderterfeld

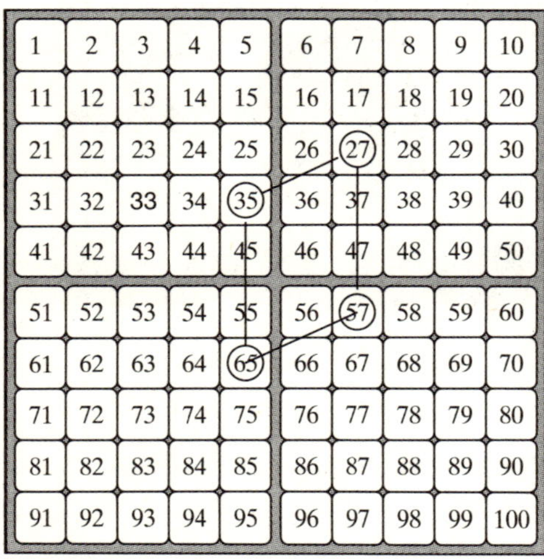

27+38=65
65–38=27

Abb. 3.11: Rechnen mit Pfeilen

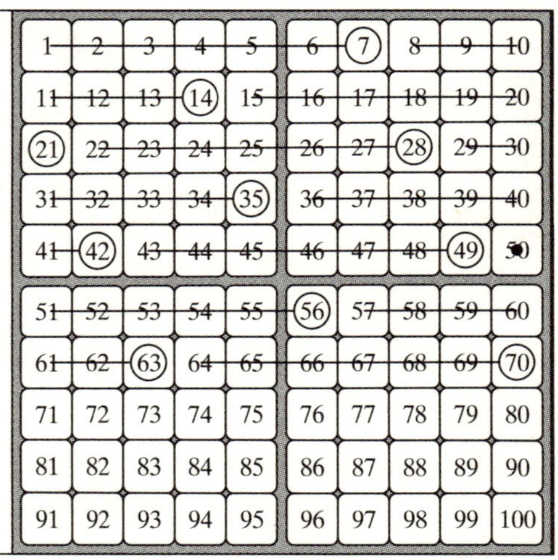

Abb. 3.12: Siebenerketten

Zaubertafeln

Ein bei den Kindern besonders beliebtes Exemplar des Hunderterfeldes soll nur kurz vorgestellt werden.

Die Zahlen von 1 bis 100 sind in einem *roten Raster* versteckt. Diese Technik ist von Übungsmaterialien her seit längerem bekannt. Erst wenn man eine rote Folie oder ein rotes Transparentplättchen auf das Feld legt, kommt die versteckte Zahl zum Vorschein.

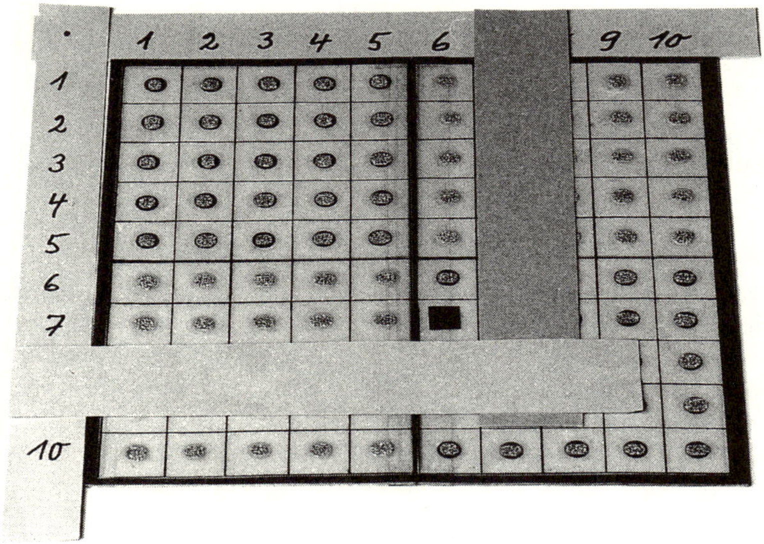

Abb. 3.13: Einmaleins-Zaubertafel
In der Schwarzweiß-Abbildung ist das Prinzip nur zu ahnen: Das Ergebnis ist in der rechten unteren Ecke des abgedeckten Feldes versteckt und kommt unter einer roten Folie zum Vorschein.

Diese Tafel eignet sich besonders gut für die Einzel- oder Partnerarbeit, da die Kinder Rückmeldung darüber erhalten, ob sie das richtige Feld gewählt haben. Als Beispiel: Ein Kind nennt eine Zahl, ein anderes sucht sie in der Tafel oder zeigt mit einem Pappwinkel die entsprechende Anzahl von Punkten. Dann wird mit einem roten Plättchen überprüft.

Auch an dieser Tafel kann natürlich mit den oben beschriebenen Folienwinkeln gearbeitet werden.

Später kann die Tafel verwendet werden, um die Rechnungen im *Stenogramm* festzuhalten. Nur noch das Startfeld, das Zwischenergebnis und das Zielfeld werden belegt und so mit ihren Zahlen sichtbar gemacht.

Nach demselben Prinzip kann man eine *Einmaleinstafel* herstellen. Dazu werden die Ergebnisse der Multiplikationsaufgaben so versteckt, daß sie in der rechten unteren Ecke der zugehörigen Punktfelder erscheinen. Deckt man nun zu einer Aufgabe das Punktfeld auf, so kann man mit einem roten Plättchen das Ergebnis hervorzaubern. (Abb. 3.13)

Ergänzt man die Tafel durch Randzahlen zu einer Verknüpfungstafel, so erhält man ein Feld für vielfältige operative Übungen:

- Das rote Plättchen wird nach unten bzw. oben geschoben: Es erscheint eine Einmaleinsreihe vorwärts oder rückwärts.
- Durch andere Bewegungen in der Tafel werden Beziehungen zwischen verschiedenen Reihen sichtbar.

- Am Ende kann die Tafel auch als reines Übungsfeld eingesetzt werden: Zu Einmaleinsaufgaben nennen die Kinder die Ergebnisse und überprüfen sie mit dem roten Plättchen.

Entsprechende Übungen sind auch mit einer normalen Einmaleinstafel möglich, in der die Ergebnisse sichtbar sind. Allerdings geht der Reiz der Zaubertafel verloren.

Zahlenstrahl

Ebenso wichtig wie die Darstellung von Zahlen durch in Zehner gegliederte Felder ist die lineare Zahldarstellung. Ein abstrakter Zahlenstrahl, so unersetzlich er am Ende als Veranschaulichungsmittel ist, bringt für jüngere Kinder zunächst jedoch erhebliche Schwierigkeiten mit sich. Eine Linie mit ganz vielen Strichen – was soll ein solches Gebilde denn veranschaulichen? Plättchen, Streifen, Felder – alles ist weg! Das zentrale Problem liegt darin, daß kardinale Aspekte, die bisher noch die entscheidende Rolle gespielt haben, nun fast vollständig verschwunden sind. Der sechste Strich am Zahlenstrahl gehört *irgendwie* zu der Zahl 5, aber es ist wirklich zu optimistisch zu glauben, daß es viel hilft, eine kleine 5 an diesen Strich zu schreiben.

So ist es nicht verwunderlich, daß viele Autoren den Zahlenstrahl als Lernhilfe – insbesondere für die schwächeren Kinder – ziemlich skeptisch beurteilen (vgl. Lorenz, 1987; Lorenz/Radatz, 1993).

In der Tat führt der Zahlenstrahl im Unterricht oft ein recht trauriges Dasein. In jedem Schulbuch ist er abgebildet oder als Beilage zu finden, aber meist bleibt es dabei, daß er mit ein paar Zahlen oder Pfeilen versehen wird. Ein Lernmaterial kann er auf diese Weise nur schwer werden.

Dennoch ist die lineare Zahldarstellung für den weiteren Aufbau der Arithmetik so unentbehrlich, daß sie nicht vernachlässigt werden darf. Nirgendwo sonst können die Kinder die *ordinale Struktur* der Zahlen so einsichtig erfahren und Verständnis für die Kleiner-/Größer-Beziehung, für Vorgänger und Nachfolger, für Nachbarzahlen und Nachbarzehner gewinnen. Viele der von seinen Kritikern angeführten Probleme mit dem Zahlenstrahl lassen sich durchaus lösen, wenn man genauer über die Hinführung zu ihm und seine Verwendungsmöglichkeiten nachdenkt.

Als kleiner Zahlenstrahl für jedes Kind eignet sich ein Hunderterstreifen, auf dem sich sowohl eine Punktreihe wie eine Skala befindet (Vorlage Abb. 3.14, S. 73).

Dadurch ist es möglich, diese beiden Darstellungen ständig ineinander zu übersetzen, so daß sie sich gegenseitig stützen können. Deckt man einen Teil der Punktreihe mit einem kleinen Schieber aus Karton ab, wird der Anzahl die entsprechende Stelle der Skala zugeordnet. Dieser Streifen wird mit Klarsichtfolie überzogen oder auf dem Tisch aufgeklebt, damit er den Kindern ständig als Lernmaterial zur Verfügung steht. Auf diesem Zahlenstrahl lassen sich Aufgaben zu allen vier Grundrechenarten darstellen, durch konkrete Bewegungen oder zeichnerisch durch Markierungen und Pfeile mit einem wasserlöslichen Stift.

- Die Addition wird durch Aneinanderfügen von Ketten an der Punktreihe oder durch Pfeile am Zahlenstrahl dargestellt.
- Bei der Subtraktion wird eine lange Kette verkürzt. Am Zahlenstrahl geht man in Schritten rückwärts.

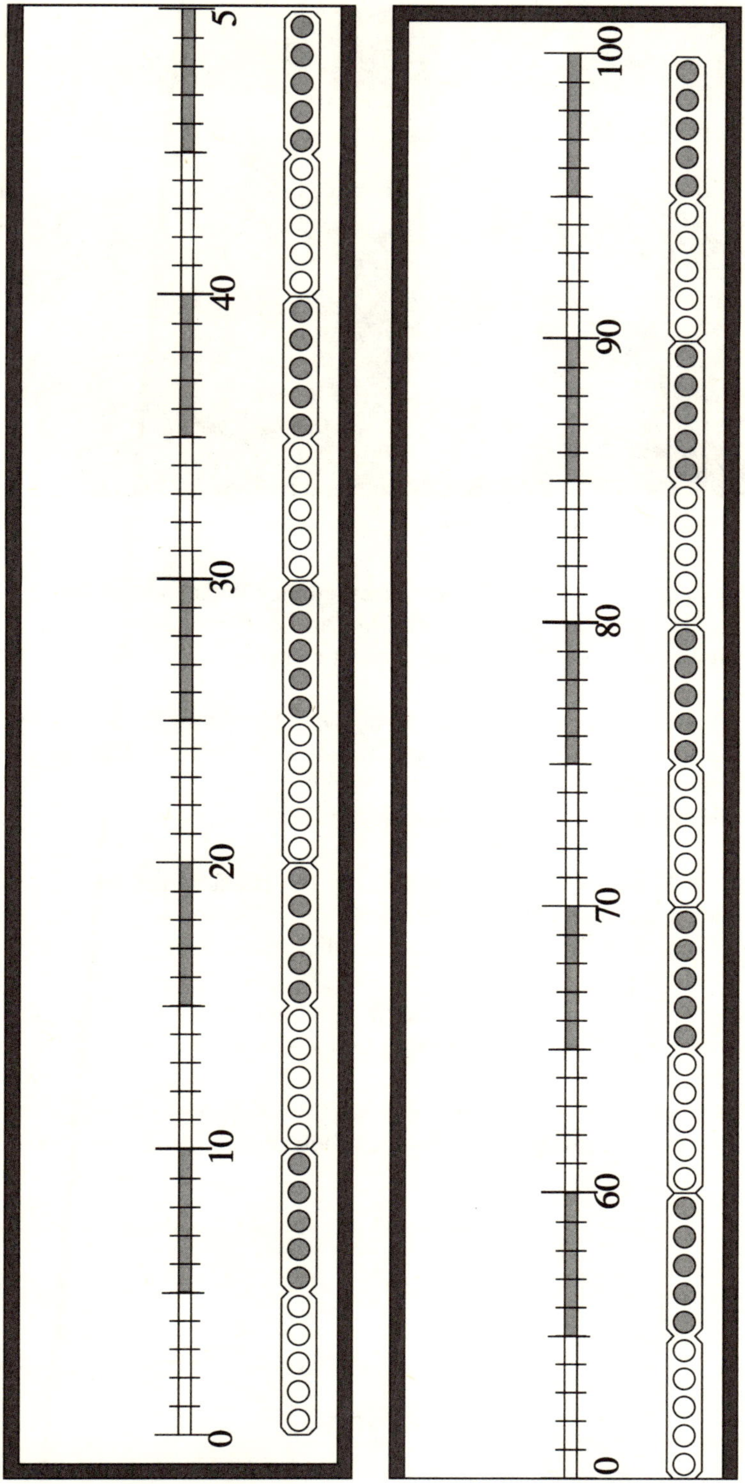

Abb. 3.14: Hunderterstreifen (Kopiervorlage)

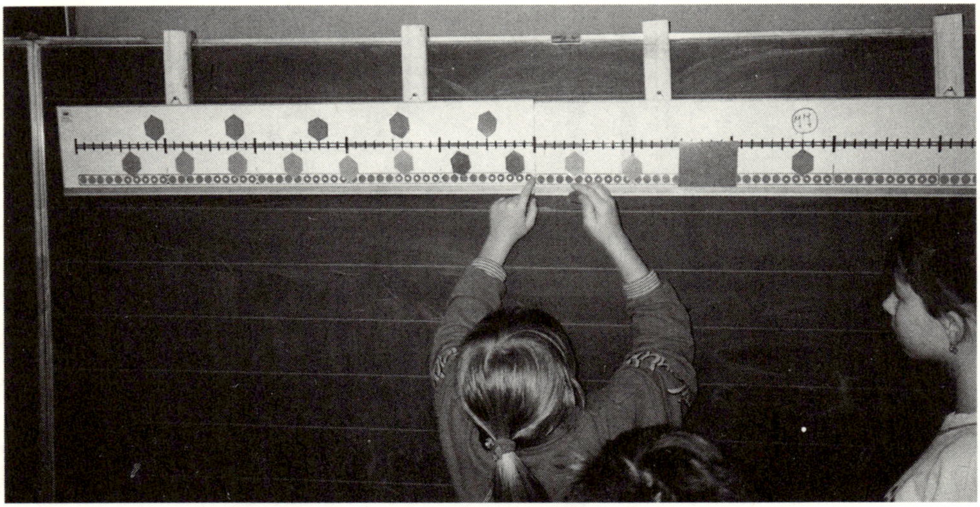

Abb. 3.15: Kinder bei der Arbeit am großen Zahlenstrahl

- Multiplikationsaufgaben können ebenfalls in verschiedener Weise notiert werden: als Ketten aus gleich langen Stücken, als Sprünge am Zahlenstrahl oder durch Zahlenfähnchen, die bei den Ergebnissen angebracht werden.

Mehr Möglichkeiten bietet ein großer Zahlenstrahl. Die Abbildung 3.15 zeigt ein besonders schönes Exemplar, das zwei Meter lang ist und damit einen Abstand von 2 cm zwischen den Einern erlaubt.

Mit diesem Zahlenstrahl lassen sich Grundideen der Zahlenreihe handelnd erarbeiten.

- Zahlen werden durch Magnetkärtchen markiert, die bei Bedarf auch beschriftet werden können, oder mit einem abwischbaren Stift an die passenden Punkte der Skala geschrieben. Dazu muß der Zahlenstrahl natürlich entsprechend konstruiert sein.
- Addition und Subtraktion werden konkret durch Verschieben der Kärtchen oder durch Pfeile veranschaulicht. Start- und Zielzahl und Zwischenergebnisse können jeweils notiert werden.
- Ebenso lassen sich Einmaleinsreihen darstellen und operativ erarbeiten. Dabei können insbesondere die Kernaufgaben hervorgehoben und Beziehungen sowohl

23+38=61

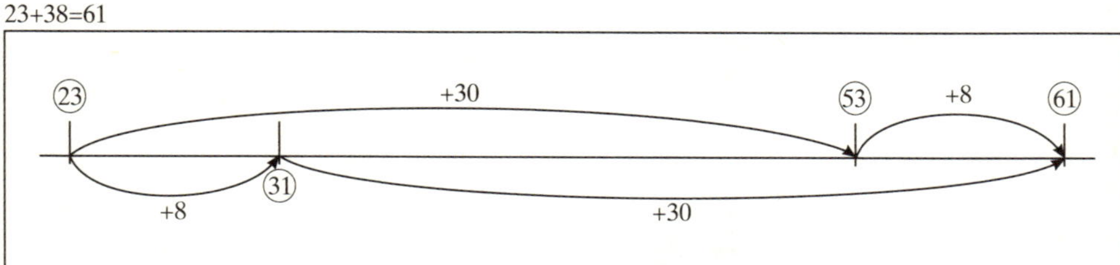

Abb. 3.16: Addieren am leeren Zahlenstrahl

innerhalb einer Reihe als auch zwischen verschiedenen Reihen geschaffen werden. Abbildung 3.15 zeigt die Neuner- und die Sechserreihe.

- Auf dem Zahlenstrahl sind keine Zahlen fest aufgedruckt. Dadurch ergeben sich für die Kinder mehr Anlässe, über die jeweils markierten Zahlen nachzudenken. Zu viele vorgegebene Zahlen verstellen eher den Blick für die Grundideen, die erarbeitet werden sollen. Im Mittelpunkt stehen *dynamische* Prozesse (Vorwärts- und Rückwärtsschreiten), nicht *statische* Markierungen an der Skala.

Die Anregung für eine besondere Variante des Zahlenstrahls findet sich in der holländischen Didaktik (Treffers, 1991). Dabei ist der Zahlenstrahl ganz *leer*, nur eine Linie, die nicht einmal gerade sein muß. Daran notieren die Kinder Rechenaufgaben (Abb. 3.16).

Auf die genaue Größe der Schritte kommt es hier nicht an. Dennoch hilft der Zahlenstrahl, die Rechenwege zu verstehen. Diese Darstellung hat durchaus ihre Vorzüge: Das Rechnen wird nicht durch eine vorgegebene Skala eingeengt. Alles, was entsteht, ist das Ergebnis des eigenen Nachdenkens. Die Gerade gibt den Überlegungen Halt und weist den Weg, ohne ihn vorzuschreiben.

Rechenschieber

Ein Vorschlag, lineare Zahldarstellungen noch weiter aufzubereiten und zu einem Rechenschieber weiterzuentwickeln, wird im folgenden beschrieben.

Der Rechenschieber besteht aus zwei Streifen mit je 100 kleinen Kreisen (oder Ellipsen), die gegeneinander verschoben werden können. Die kleinen Kreise sind wichtig, weil sie den Anschluß an kardinale Zahlvorstellungen schaffen. Auf diese Weise werden Erfahrungen aufgegriffen, die die Kinder etwa mit Plättchenreihen oder mit Stäben in der Hunderterleiste bereits gemacht haben.
Um die Anzahlerfassung zu erleichtern, sind die Punkte zum einen zu Zehnern gebündelt, zum anderen ist jeder Zehner in sich deutlich gegliedert. Diese Gliederung

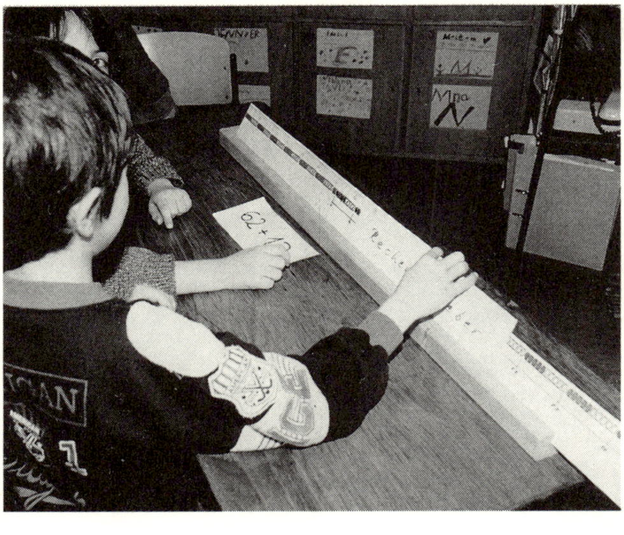

Abb. 3.17: Großer Rechenschieber

kann durch Farbabstufungen (hell/dunkel) oder durch Zusammenfassung von je 5 Punkten geschehen. Auf diese Weise können auch größere Zahlen schnell erfaßt werden. Die 67 etwa ist als Kette aus 6 Zehnern und 7 (5+2) Einern zu erkennen. Da die Struktur in jedem Zehner gleich ist, hilft sie den Kindern auch beim Erkennen von Analogien und Übertragen von Rechenwegen.

Wie rechnet man mit diesem Streifen? Die spezifischen Möglichkeiten des Zahlenstrahles bestehen darin, daß sich das Addieren als Weitergehen, das Subtrahieren als Zurückgehen darstellen läßt. In der Praxis ist dies jedoch problematisch, wenn man nur einen Streifen benutzt, weil die Zahlen mit den Fingern oder durch zusätzliche Markierungen angezeigt werden müssen. Erheblich einfacher wird das Rechnen, wenn man zwei Streifen verwendet, einen mit roten, einen mit grünen Punkten (Abb. 3.17). Die Aufgabe 48+27 wird damit so gelöst, daß zunächst 48 rote Punkte auf dem einen Streifen, dann 27 grüne Punkte auf dem anderen Streifen eingestellt werden. An der zusätzlich angebrachten durchgehenden Skala am oberen Rand liest man das Ergebnis ab. Die beiden Zahlen bleiben erkennbar, so daß die Rechnung auch im nachhinein nachzuvollziehen und gegebenenfalls zu verbessern ist.

Entsprechend läßt sich die Subtraktion handelnd vollziehen. Dazu ist es vorteilhaft, auf der Rückseite des zweiten Schiebers eine ungefärbte Kreisreihe anzubringen. Für Subtraktionsaufgaben wird dieser Schieber umgedreht (»*Umkehraufgabe*« zur Addition!). Beispiel: 81–23: Von den zunächst vorhandenen 81 Punkten werden 23 abgedeckt, 58 bleiben übrig. Die ungefärbte Reihe macht das Wegnehmen deutlicher. Es erscheinen am Ende nicht 58 rote und 23 grüne Punkte, sondern nur noch 58 rote Punkte und die »Spuren« der 23 grünen Punkte.

Besonders hilfreich ist der Rechenschieber bei operativen Fragestellungen: Was passiert mit der Summe, wenn eine Zahl größer (kleiner) wird? Wenn eine Zahl größer, die andere kleiner wird? Wie erhält man verschiedene Zerlegungen einer Zahl? Wie ändert sich der Unterschied, wenn ...? Alle diese Fragen korrespondieren mit Handlungen am Rechenschieber: Schiebe nur einen Streifen weiter. Beide Streifen! Laß das Ergebnis unverändert, und suche dazu verschiedene Aufgaben.

Abb.3.18: Rechenscheiben

Von den Punktreihen kann man später zu Skalen übergehen. Dies wird von Anfang an dadurch vorbereitet, daß Skalen die Punktdarstellung begleiten. Einen Schritt weiter bedeutet es, nur noch an den Skalen zu rechnen. Dazu kann man einen Rechenschieber mit roten und grünen Skalen herstellen, der im Prinzip genauso funktioniert wie der mit Punkten. Auf diese Weise läßt sich eine Darstellung leicht in die andere übersetzen, zudem können die Kinder selbst entscheiden, mit welchem Rechenschieber sie arbeiten wollen.

Eine Vorlage zur Herstellung eines kleinen Rechenschiebers liefert die Abbildung 3.14. Den zweiten Streifen erhält man, wenn man die obere Hälfte abschneidet. Als Führung haben sich Setzleisten bewährt.

Eine andere Konkretisierung derselben Idee stellen die *Rechenscheiben* dar (Abb. 3.18).

Zählwerke

Ein Material, das später beim weiteren Ausbau des Zahlenraums größere Bedeutung erlangt, soll hier nur kurz erwähnt werden.

Auch Kindern bereits bekannt sind *Zählwerke*, die man als Kilometerzähler am Fahrrad oder im Auto findet. Einen solchen Zähler kann man leicht nachbauen. Eine technisch einfache Lösung: Zwei Streifen aus Pappe werden mit den Ziffern 0 bis 9 versehen. In einer geeigneten Führung lassen sie sich so schieben, daß in einem Sichtfenster alle Zahlen von 0 bis 99 zu sehen sind. Eine Vorlage für einen Zähler mit drei Stellen ist im nächsten Kapitel zu finden (Abb. 4.10). Daraus läßt sich leicht ein entsprechendes Lernmaterial für zweistellige Zahlen herstellen.

Etwas aufwendiger ist ein Modell, das dem Kilometerzähler näher kommt. Die Ziffern stehen auf zwei Scheiben, die sich so drehen lassen, daß zweistellige Zahlen erscheinen (Abb. 3.19).

Diese Materialien sind natürlich von gänzlich anderer Art als die bisher beschriebenen. Sie schaffen keine konkrete oder bildliche Vorstellung von Zahlen. Wohl aber können sie helfen, etwas von dem nachzuvollziehen, was beim Rechnen mit Zahlzeichen vor sich geht. Was passiert, wenn Einer addiert oder subtrahiert werden, wenn die Zahl um 10, 20 ... größer oder kleiner wird, wenn in mehreren Schritten addiert und subtrahiert wird? Auf Einzelheiten kommen wir später noch zurück. Im Zahlenraum bis 100 sollten solche Zähler vor allem in Verbindung mit anderen Materialien verwendet werden. Beispielsweise können mit ihrer Hilfe Zahlen und Ergebnisse angezeigt werden, die die Kinder mit Rechenstäben erhalten haben.

Zum Einsatz der Materialien

Für den Einsatz der Materialien im Unterricht gilt das, was bereits für den Zahlenraum bis 20 gesagt worden ist. Da in Klasse 2 die Streubreite in den Leistungen der Kinder oft noch erheblich größer geworden ist, wird das Problem der Differenzierung noch drängender. Dabei kommt geeigneten Lernmaterialien zentrale Bedeutung zu. Allerdings gibt es nicht *das* Material, das jedem Kind an jeder Stelle hilft. Als Folgerung ergibt sich daraus, ein vielfältiges Angebot an Hilfen bereitzustellen, auf das die Kinder bei Bedarf zurückgreifen können.

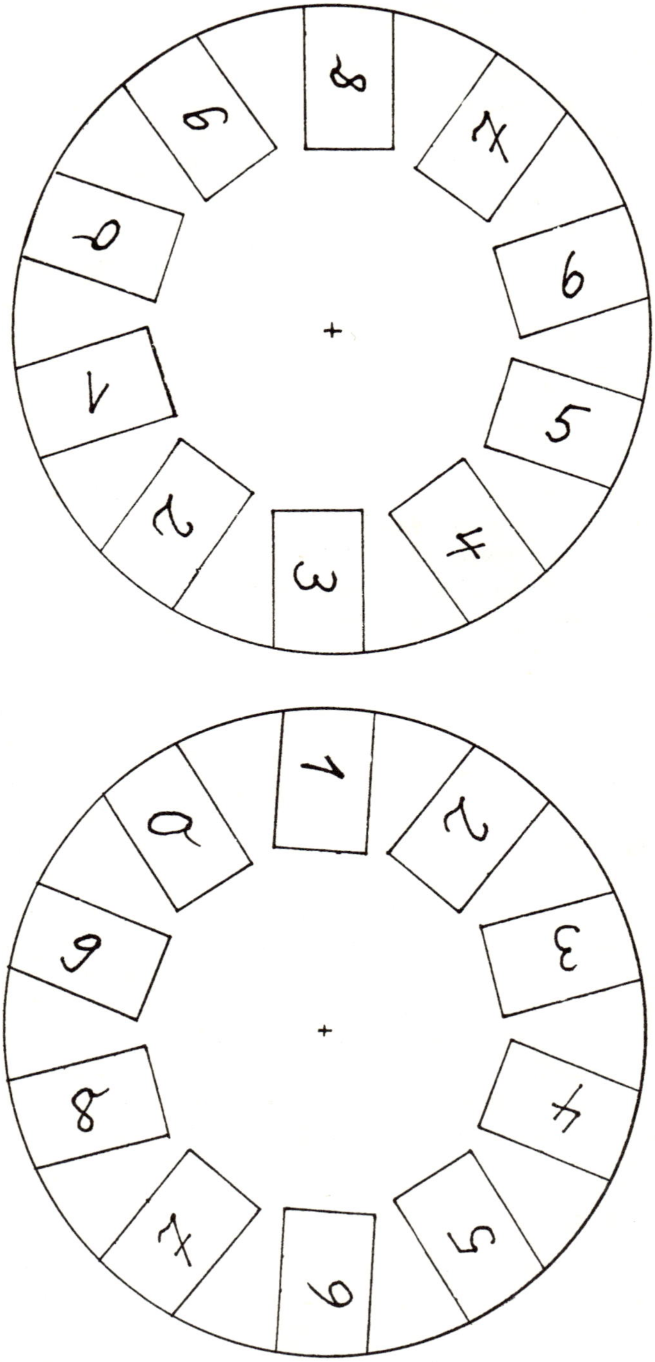

Abb. 3.19: Rechenräder für die Zahlen bis 100
Aus der Vorlage erhält man eine Lernmaterial, wenn man die beiden Scheiben ausschneidet und mit Druckknöpfen drehbar auf einer dünnen Pappe aufbringt Zusätzlich kann man eine Klarsichtfolie darüberlegen, auf der ein Sichtfenster für die eingestellten Zahlen aufgezeichnet ist.

4. Im Reich der großen Zahlen: Auf dem Weg zu den schriftlichen Rechenverfahren

Möglichkeiten und Grenzen von Lernmaterialien

Je größer die Zahlen werden, desto schwieriger wird ihre Veranschaulichung. Dennoch kommt auch hier das Denken der Kinder nicht ohne Stützen aus. Die Erweiterung des Zahlenraums gelingt sicher nicht schon dadurch, daß die Zahlzeichen länger werden. Für viele Kinder bleiben diese Zeichen inhaltsleer. Sie vermitteln keine Zahlvorstellungen und verraten nichts von den dahinter stehenden Bündelungsprozessen. Sie machen nicht einsichtig, was es heißt, einen Einer, Zehner oder Hunderter zu addieren, zum nächsten Zehner oder Hunderter zu ergänzen, eine Aufgabe in Teilschritte zu zerlegen u.v.a.m.

Auch beim Ausbau des Zahlenraums geht es um die Entwicklung von tragfähigen Zahlvorstellungen. Dazu gehört insbesondere:

- die weitere Erschließung verschiedener Zahlaspekte
- die Erfassung der fundamentalen Idee des Verzehnfachens als Aufbauprinzip unseres Stellenwertsystems
- die operative Durchdringung des erweiterten Zahlenraums
- die Ausbildung flexibler Rechenstrategien
- auch die Hinführung zu und die Stützung von schriftlichen Rechenverfahren.

Daher sind Materialien unentbehrlich, die die bisher entwickelten arithmetischen Grundideen aufgreifen und vertiefen. Dabei muß der Ausbau der verschiedenen Zahlaspekte auch mit größeren Zahlen weitergeführt werden. Der Anzahlaspekt kommt zum einen durch homogenes Material zum Tragen, das zu Zehnern, Hundertern oder Tausendern gebündelt wird, zum anderen durch Tausendertafeln. Für die Stützung des ordinalen Aspekts ist vor allem der Zahlenstrahl geeignet. Der Maßzahlaspekt wird im Umgang mit Rechengeld, mit Längen, Gewichten und Zeitspannen vertieft. Er ist auch in Materialien verkörpert, die als Fortsetzung der Rechenstäbe in den Zahlenraum bis 1000 führen: Stellenwertblöcke, mit denen Zahlen durch Einerwürfel, Zehnerstangen und Hunderterplatten dargestellt werden. Dieses Material bildet eine wichtige Klammer zwischen dem Maßzahl- und dem Anzahlaspekt.

Zunehmende Bedeutung erhalten Zahlen als *Rechenzahlen*, mit denen nach bestimmten Regeln umgegangen wird. Die Deutung als Anzahl, Ordnungszahl oder Maßzahl verschwindet, und algorithmische und algebraische Aspekte treten in den Vordergrund.

So lassen sich einige der bereits bekannten Materialien für den Zahlenraum bis 1000 ausbauen: Konkretes Material wird zu größeren Bündeln zusammengefaßt, der Zahlenstrahl wird verlängert, aus 10 Hunderterfeldern wird 1 Tausenderfeld hergestellt, der »Kilometerzähler« um eine Stelle ergänzt und über die 100 hinaus weitergedreht.

Dabei aber werden auch die Grenzen dieser Materialien deutlich. Eine zentrale Rolle spielen daher bei größeren Zahlen solche Materialien, die zum Umgang mit Zahlzeichen hinführen und die Grundideen des formalen Rechnens einsichtig machen. Dazu dient insbesondere die Stellentafel, die bis hin zu den schriftlichen Rechenverfahren trägt.

Warum sind verschiedene Materialien notwendig?

Wie schon für kleinere Zahlen stellt sich auch hier die Frage, ob man mit einem Minimum an Material und einem raschen Übergang zum formalen Rechnen nicht schneller zum Ziel kommt. Aber was ist *das Ziel*? Wenn es nur darum ginge, mit Zahlzeichen nach irgendwelchen Regeln umzugehen, könnte man eine solche Reduzierung (vielleicht) vertreten. Besteht das Ziel aber darin, Zahlen aspektreich kennenzulernen, vielfältig zu verwenden, Entdeckungen zu machen und behutsam zum einsichtigen Rechnen hinzuführen, dann ist dazu eine breite Erfahrungsbasis notwendig. Mit nur einem (oder gar ganz ohne) Material kann dies nicht gelingen. Verschiedene Darstellungen helfen, unterschiedliche *Erfahrungsbereiche,* damit auch unterschiedliche Zahlvorstellungen mit spezifischen Handlungsmöglichkeiten aufzubauen.

Daß dies den Unterricht anspruchsvoller macht, ist unbestreitbar. Aber die Forderung, sich auf möglichst wenige Veranschaulichungen zu beschränken, greift doch zu kurz. Ein didaktisch sinnvoller Kompromiß besteht darin, solche Materialien einzusetzen, die die fundamentalen arithmetischen Ideen zu erschließen helfen, und die in den so aufgebauten Erfahrungsbereichen gewonnenen Einsichten ständig ineinander zu übersetzen.

Zum Einsatz der Materialien

So beschreiben auch die folgenden Stichworte keinen vollständigen Kurs einer *Arithmetik mit Materialien.* An vielen Stellen kann nur die Lehrerin entscheiden, welche Materialien sie für sinnvoll hält und wo die Loslösung von ihnen erfolgen soll. Dies hängt von vielen Faktoren ab:

- von den jeweils angestrebten Rechenwegen
- vom Fortgang der fortschreitenden Schematisierung
- nicht zuletzt von den Möglichkeiten und Bedürfnissen der Kinder.

Je nachdem, wie diese Entscheidungen ausfallen, hat das Konsequenzen sowohl für die Auswahl des Materials wie auch für die Art seines Einsatzes.

Endlich kommt sicher auch der Punkt, an dem sich Zahlen kaum noch durch Material darstellen lassen. Schon wenn es über die 1000 hinausgeht, wird es schwierig, die Zahlen durch konkrete Objekte, Punktfelder oder am Zahlenstrahl zu veranschaulichen. Und wieviel ist 1 Million?!

Will man eine Vorstellung davon aufbauen, ist dies nur noch gedanklich möglich, z.B. durch wiederholtes Verzehnfachen.

Beispiel: *Einwegflaschen*

»Was ist, wenn jeder eine Flasche pro Woche wegwirft?«

1 Flasche		200 g
10 Flaschen in unserem Haus	eine Plastiktüte	2 kg
100 Flaschen in unserer Straße	eine Mülltonne	20 kg
1000 Flaschen in einem Dorf	ein Container	200 kg
10000 Flaschen in einer kleinen Stadt	ein LKW voll	2 t
100000 Flaschen in einer Großstadt	1 Güterwagen	20 t
1000000 Flaschen in Köln	10 Güterwagen	200 t

Bei 75 Millionen Menschen in der Bundesrepublik sind das schon 750 Güterwagen voll.

Hier erhält das Material eine andere Funktion: Mit den Objekten wird nicht mehr konkret gehandelt, wohl aber können sie das Denken stützen und so die Grundideen des Stellenwertsystems verstehen helfen.

Kopfrechnen, halbschriftliches Rechnen und schriftliche Rechenverfahren

Wenn auch die Beherrschung der schriftlichen Rechenverfahren zu den Zielen gehört, die am Ende der Grundschulzeit weitgehend erreicht werden sollen, darf der Unterricht keineswegs auf sie fixiert sein. Wichtiger ist, daß die Kinder die vielfältigen Wege des Rechnens im Stellenwertsystem entdecken.

Aus diesem Grund kommt dem Kopfrechnen und halbschriftlichen Verfahren überragende Bedeutung zu, da dabei nicht ein *Regelspiel* mit Ziffern, sondern das Rechnen mit *Zahlbedeutungen* im Mittelpunkt steht. Sowohl in der traditionellen Rechenmethodik (vgl. etwa Oehl, 1962) als auch in neueren Konzepten wird dies nachdrücklich betont (was nicht ausschließt, daß es in mancher Unterrichtspraxis dann doch zu kurz gekommen ist und noch immer kommt).

Einige Stichworte sollen zentrale Lernziele im Umgang mit großen Zahlen umreißen:

- Zahlen konkret und bildlich darstellen
- Verzehnfachen als Aufbauprinzip erkennen
- Rechnen mit Vielfachen von10, 100, 1000 ...
- Vergleichen und Ordnen

- Vorgänger und Nachfolger angeben
- Ergänzen zum nächsten Hunderter, Tausender ...
- Runden und Rechnen mit gerundeten Zahlen (Überschlagsrechnen)
- große Zahlen durch Diagramme darstellen
- Zahlen in Sachsituationen verwenden.

Bei alledem stehen nicht Algorithmen im Mittelpunkt, sondern Zahlvorstellungen – und die werden im *Kopf* aufgebaut! Auch beim halbschriftlichen Rechnen ändert sich daran nichts Wesentliches: Die einzelnen Schritte werden zwar aufgeschrieben, gerechnet wird nach wie vor im Kopf.

Bei diesen Entdeckungen können Materialien eine entscheidende Rolle spielen, und wie gut sie diese Aufgabe erfüllen, ist das Kriterium für ihre Brauchbarkeit. Darauf werden wir in den Beispielen näher eingehen. Im Rahmen eines aktiv-entdeckenden Unterrichts wäre es jedenfalls eine viel zu enge Sicht, den Wert von Lernmaterialien danach zu beurteilen, wieweit sie geeignet sind, schriftliche Rechenverfahren nachzuvollziehen.

Die Bedeutung des Kopfrechnens zu betonen heißt natürlich nicht, den Wert schriftlicher Rechenverfahren (*Algorithmen*) zu bestreiten.

Sie werden um so hilfreicher, je größer die Zahlen werden, da in ihnen das Rechnen einfach und präzise abläuft. Dies aber darf nicht zu dem Trugschluß verleiten, daß auch der Weg zu ihnen rein formal sein kann. Wie wenig es hilft, sich nur auf den Umgang mit Ziffern und Zahlzeichen zu beschränken, zeigt die Analyse von Rechenfehlern (vgl. Radatz, 1980; Gerster, 1982). Wenn das Kind Probleme mit dem stellengerechten Vorgehen, mit der Verarbeitung des Übertrags oder mit der Null hat, dann werden diese nicht durch formale Korrekturhinweise behoben, sondern nur durch *Einsicht in die Grundideen* der Rechenverfahren.

So fordern Lehrpläne zu Recht: »Auch die schriftlichen Rechenverfahren sollen entdeckend gelernt werden.« (Lehrplan Mathematik, Nordrhein-Westfalen, 1985) Als Leitlinie kann dabei ein Konzept dienen, das in der neueren Didaktik als *Prinzip der fortschreitenden Schematisierung* formuliert worden ist. (Treffers, 1983) Ausgehend von geeigneten Sachsituationen, von Aktivitäten mit Materialien, von subjektiven Wegen des Kopfrechnens und halbschriftlichen Rechnens, werden die Überlegungen schrittweise abstrahiert und schematisiert und so am Ende zu den standardisierten Verfahren geführt. Auf diesem Weg hat Material zwei gleichermaßen wichtige Funktionen: Es schafft *Stützen* für das Denken, und es hilft, sich von ihnen zu *lösen.*

Wenn diese Loslösung gelungen ist, verändert sich die Funktion der Materialien. Zwar können die Kinder bei Bedarf noch darauf zurückgreifen, aber erfahrungsgemäß ist ihre Bereitschaft, die Rechnungen wieder in Handlungen mit konkretem Material zurückzuübersetzen, nur gering. Dies ist durchaus verständlich. Zum einen ist dies ein erheblicher Zeitverlust, da die schriftlichen Rechenverfahren konkurrenzlos praktisch sind. Zum anderen gibt es auch psychologische Widerstände bei den Kindern gegen diesen »Rückschritt«: Endlich haben sie gelernt, mit großen Zahlen »wie die Erwachsenen« zu rechnen – und nun sollen sie wieder zurück zu Plättchen und Klötzchen?!

Materialien für den Umgang mit großen Zahlen

Unstrukturiertes Material

Um die zentrale Idee unserer Zahldarstellung – den Aufbau in Zehnerstufen – deutlich zu machen, sollte auch bei der Erarbeitung größerer Zahlen zumindest ein Material berücksichtigt werden, mit dem die Kinder den Vorgang des Bündelns handelnd erfahren können. Wieviel schon 1000 Objekte sind und wie die Tausend aus Hundertern, diese aus Zehnern und Einern aufgebaut werden, das müssen Kinder mit Händen und Augen lernen. Einige Beispiele geeigneter Materialien:

- Steckwürfel, die zu Zehnertürmen und Hunderterplatten zusammengesetzt werden
- Pfennigstücke, mit denen Zehnerreihen und Hunderterfelder gelegt oder mit Tesafilm geklebt werden
- Bastelhölzer: Je 10 werden zu einem Bündel geschnürt, 10 Bündel in eine Klarsichtdose gepackt
- Perlen, aus denen Zehner- und Hunderterketten hergestellt werden
- oder ... ? (Der Phantasie sind keine Grenzen gesetzt.)

Auch in der Montessori-Pädagogik sind Materialien für große Zahlen seit langem verbreitet. Aus einzelnen (goldenen) Perlen werden feste Zehnerketten gemacht, aus 10 solcher Ketten eine Hunderterplatte, aus 10 Plättchen ein großer Tausenderwürfel. Der Tausender ist zudem in Form einer Kette aus 1000 Perlen vorhanden. Auf diese Weise lassen sich Zahlen sowohl linear darstellen als auch in einer Form, die den unten beschriebenen Stellenwertblöcken entspricht.

Stellvertretend für andere Möglichkeiten soll eine (die schönste!) »Rechenmaschine« näher beschrieben werden, die wir mit Kindern hergestellt haben (Abb. 4.1, vgl. Floer, 1985).

Die Bausteine sind in Goldfolie verpackte Taler aus Schokolade mit einem Durchmesser von etwa 3 cm. Sie sind groß genug, um die Einer gut erkennen zu können.

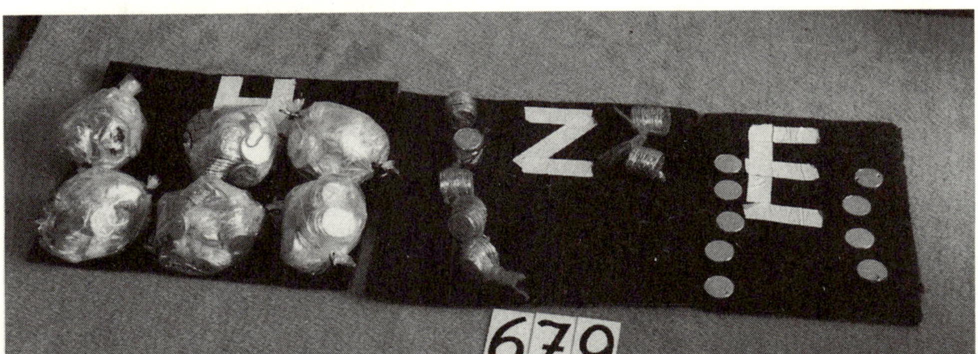

Abb. 4.1.: Goldtaler-Rechenmaschine

Andererseits bleiben die Hunderter noch einigermaßen handlich (obwohl die 1000 Taler immerhin ein Gewicht von fast 4 kg hatten). Je 10 Taler haben wir in kleine Netze abgepackt, 10 Zehner in einen Beutel zu einem Hunderter. Mit dieser Rechenmaschine lassen sich wichtige Erfahrungen zu großen Zahlen konkret erarbeiten. Besonders hilfreich sind die Goldtaler bei der Darstellung und dem Vergleich von Zahlen.

Bewährt haben sich dabei Stellentafeln aus Karton oder Tapetenstücken, auf denen die Einer, Zehner und Hunderter ihren Platz haben. Eine andere technische Variante: Die Einer, Zehner und Hunderter werden mit kleinen Haken versehen, so daß sie leicht aneinandergehängt werden können. So entsteht an einer Wandleiste oder der Tafel eine konkrete Stellentafel. Einer, Zehner und Hunderter können leicht und übersichtlich dazugehängt oder weggenommen werden. In beiden Varianten eignen sich die Goldtaler, um einfache Aufgaben konkret zu lösen, insbesondere solche, bei denen nur Vielfache von 1, 10 oder 100 addiert oder subtrahiert werden. Auch Ergänzen zum nächsten Zehner oder Hunderter ist problemlos. Diese Handlungen kann man von Anfang an mit Zifferndarstellungen verbinden.

Es ist klar, daß diese Rechenmaschine bei komplexeren Aufgaben an ihre Grenzen stößt. Aufgaben wie 487+379 oder gar 712–489 erfordern einen ziemlichen Aufwand durch häufiges Bündeln und Entbündeln. Solche Aufgaben aber sind ohnehin eher ein Fall für das schriftliche Rechnen. Materialien haben ihren Zweck erfüllt, wenn sie die Grundideen des Vorgehens noch veranschaulichen. Ein Ersatz für Algorithmen sind sie nicht!

Stellenwertblöcke

Denkt man die Idee der Rechenstäbe, die im Zahlenraum bis 100 eine wichtige Veranschaulichung für Zahlen sind, weiter, so kommt man bei größeren Zahlen fast zwangsläufig zu einem seit langem bekannten Material. Es war in der Blütezeit der »Neuen Mathematik« in den siebziger Jahren weit verbreitet, damals unter dem Namen *Mehrsystemblöcke*, da es nicht nur für das Zehnersystem, sondern auch für andere Stellenwertsysteme (Zweier-, Dreier-, Fünfersystem) konzipiert war. Nach seinem Erfinder wird das Material auch als Dienes-Blöcke bezeichnet. Da nichtdezimale Stellenwertsysteme seit längerem aus den Grundschullehrplänen verschwunden sind, können wir uns auf Material beschränken, das die Grundidee unseres Zehnersystems aufgreift.

Die Zahlen werden durch Einerwürfel, Zehnerstangen, Hunderterplatten, Tausenderblöcke (große Würfel) dargestellt. Auf diese Weise ist die Zehnerbündelung fest in das Material eingebaut: 10 Zehnerstangen nebeneinandergelegt sind genau so groß wie eine Hunderterplatte, das eine kann in das andere umgetauscht werden, beide können (wenn auch etwas mühsam) durch 100 einzelne kleine Würfel ersetzt werden. Der Tausender ist schon ein ziemlich kompaktes Gebilde. Wenn das Material auch für das Rechnen im Zahlenraum über 1000 verwendet werden soll, reicht es, für die Tausender und eventuelle weitere Stufenzahlen Plättchen zu legen, auf denen »T« oder »ZT« steht.

Technische Hinweise:

- Die Einer und Zehner erhält man, indem man von einer quadratischen Leiste (Querschnitt 1 cm x 1 cm) die entsprechenden Stücke absägt. Die Hunderter sägt man entsprechend aus einem Brett, 10 cm breit und 1 cm hoch. Sehr erleichtert wird die Arbeit durch eine Band- oder Kreissäge.
- Für die Arbeit mit dem Material ist es günstig, wenn zwei Farben zur Verfügung stehen (rot/blau).
- Die Zahlerfassung wird erleichtert, wenn man das Material in Verbindung mit einer Stellentafel einsetzt. Am einfachsten zeichnet man dazu auf einer großen Pappe Felder für die Einer, Zehner und Hunderter, jeweils mit einer Fünfergliederung, um die Belegung der Stellen schnell erfassen zu können. So erkennen die Kinder auch, wenn eine Stelle »voll« ist und in eine Einheit der nächsthöheren Stelle umgewechselt werden kann.
- Etwas aufwendiger herzustellen ist ein Steckbrett, auf dem die Klötze festen Halt haben. Dazu sind auf einer Holzplatte in jeder Stelle zehn kleine Stecker angebracht, auf die die mit entsprechenden Bohrungen versehenen Würfel, Stangen und Platten gesteckt werden können.
- Mit dem Material können die Kinder größere Zahlen in einfacher und prägnanter Weise darstellen und dabei vieles von den Geheimnissen des Stellenwertsystems erfahren: Die Einsatzmöglichkeiten reichen von der Darstellung größerer Zahlen über einfache Additions- und Subtraktionsaufgaben bis zur Hinführung zu den schriftlichen Rechenverfahren. Dort ist dann allerdings – wie bei anderen Materialien – die Loslösung von den Blöcken notwendig.

Einen erheblichen Schritt weiter zur fundamentalen Idee unseres Stellenwertsystems kommt man, wenn man die Felder der Stellentafel nicht mehr mit den Zehnerblöken, sondern nur noch mit kleinen Würfeln legt. Der »Wert« eines Würfels wird nun durch das Feld bestimmt, in dem er liegt. In der nächsten Phase reichen Ziffernkärtchen, um die Zahl anzugeben. Am Ende braucht man auch die Tafel nicht mehr und

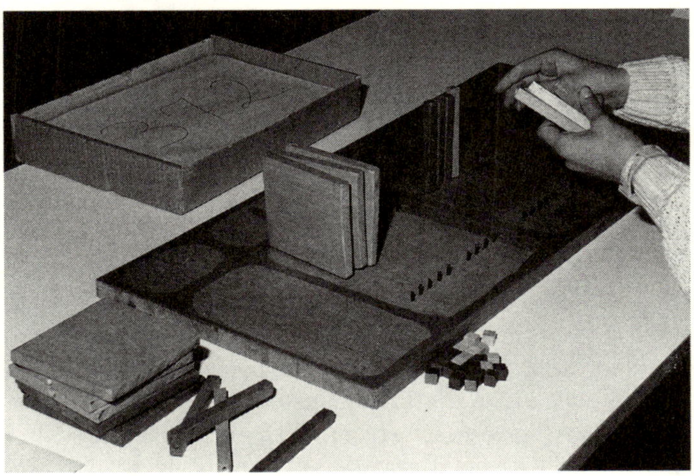

Abb. 4.2: Stellensteckbrett

kann die Zahl nur an der Ziffernfolge ablesen. Auf diese weiteren Abstraktionsschritte auf dem Weg zur Stellenwertschreibweise werden wir noch zurückkommen.

Ein Vorteil der Stellenwertblöcke soll noch erwähnt werden. Die konkrete Darstellung läßt sich leicht in eine ikonische übersetzen, in der die Würfel, Stangen und Platten durch Punkte, Strecken und Quadrate notiert werden.

Bei der Arbeit mit diesem Rechenbrett haben wir noch etwas anderes gelernt, was den Umgang mit Material angeht. Man kann zwei gleichermaßen schwerwiegende Fehler machen. Zum einen den, Material gar nicht oder nur zur Einführung und Einstimmung einzusetzen, dann (zu) schnell zu abstrahieren und zu formalisieren. Zum anderen aber kann man auch das Denken durch Materialien »erdrücken« und so den Abstraktionsprozeß und die Loslösung erschweren. Am Beispiel des Rechenbretts: Ohne die Darstellung von Einern, Zehnern, Hundertern durch Steckwürfel o.ä. hatten viele Kinder erhebliche Schwierigkeiten, Grundideen des Stellenwertsystems zu erfassen, z.B. einfache Additionen (+10, +100, ...) durchzuführen, Übergänge zur nächsthöheren Stufe zu erkennen (360+40), Einsichten zu übertragen (34+10=44, also 234+10=244). Auf der anderen Seite war es keineswegs so, daß das konkrete Operieren mit dem Material alle Probleme löste. Es hat z.T. die Überlegungen erschwert: Die Kinder waren so sehr mit den Klötzchen beschäftigt, daß es für einige schwierig war, sich von diesen Handlungen zu lösen, sie zu »verinnerlichen«. Das günstigste Vorgehen haben die Kinder selbst »irgendwo dazwischen« gefunden. Sie haben das Material zwar als Stütze für die Überlegungen benutzt, zugleich aber auch mit einer gewissen Distanz. Keineswegs wurde jede Überlegung in konkrete Handlungen umgesetzt, oft reichte die Vorstellung dieser Handlung. Dies ist ein guter Weg, Material beim Lernen einzusetzen: so konkret wie nötig, aber doch mit einem hinreichend großen Freiraum, um das Denken nicht in den Fesseln des Materials einzuschnüren.

Tausendertafeln

Eine naheliegende Fortsetzung des im Zahlenraum bis 100 bewährten Hunderterfeldes ist eine Tausendertafel mit Punkten oder auch mit eingetragenen Zahlen. In der einfachsten Ausführung ist es ein etwa 40 cm langer Tausenderstreifen aus 10 Hunderterfeldern (vgl. etwa Oehl, 1962, S. 109). Für die Arbeit geeigneter ist eine Variante, bei der jedes Hunderterfeld 10 cm x 10 cm groß ist. Faltet man diese Felder, so entsteht ein *Tausenderbuch*, das als Arbeitsmittel im Projekt »mathe 2000« verwendet wird (Wittmann/Müller, 1992). Die einzelnen Hunderter bestehen abwechselnd aus roten und blauen Punkten, zudem findet man auf den Rückseiten vielfältige Anregungen zum Nachdenken über die Zahlen bis 1000. Eine Tausendertafel können die Kinder auch selbst leicht aus zehn Hundertertafeln herstellen. In großer Ausführung sollte diese Tafel als ständig verfügbares Arbeitsmittel an einer Wand des Klassenraumes hängen. Sehr gut geeignet ist die Tausendertafel, um Zahlen zu veranschaulichen. Mit zwei Pappstreifen oder einem passend geschnittenen Winkel wird das Punktfeld so abgedeckt, daß die vorgegebene Zahl zu sehen ist.

Wählt man ein passendes Format, können auf der Tafel Zahlen auch mit Hilfe der Stellenwertblöcke gelegt werden. Dadurch wird der Übergang von konkreten zu bild-

lichen Darstellungen erheblich erleichtert. Die Abbildung 4.3 zeigt ein *Tausenderbrett*, das aus zwei Hälften mit je fünf Hundertern besteht, die als Feld untereinander oder als Reihe nebeneinander angeordnet werden können.
Dieses Material bietet die Möglichkeit, Zahlen konkret mit Hunderterplatten, Zehnerstangen und Einerwürfeln aufzubauen und (einfache) Rechnungen handelnd auszuführen:

- Vorgänger/Nachfolger einer Zahl suchen
- Addieren/Subtrahieren von Hunderterzahlen (300+400, ...), von Zehnerzahlen (370+20, ...)
- Ergänzen zum nächsten Zehner oder Hunderter
- Addieren/Subtrahieren von Einern, Zehnern, Hundertern
- Aufbauen von Reihen des Zehnereinmaleins.

Auf einfache Weise gelangen die Kinder vom Tausenderbrett zur Darstellung von Zahlen in der Stellentafel, auf die wir weiter unten genauer eingehen. Dazu werden die Hunderter, Zehner und Einer gesammelt und in die passenden Stellen gelegt. Später dann reicht es, jede Stelle nur noch mit der entsprechenden Anzahl kleiner Würfel oder Plättchen zu belegen. Damit ist man schon nahe beim Rechnen mit Ziffern und den schriftlichen Rechenverfahren.
Bei komplexeren Rechnungen ergeben sich sowohl mit dem Tausenderbuch wie mit dem beschriebenen Tausenderbrett Probleme.

- Stellt man die beiden Zahlen auf *zwei* Tausendertafeln dar, so kann man zwar gedanklich stellenweise addieren, aber die Ermittlung des Ergebnisses ist nicht leicht, da die Summe in der Tafel nicht abzulesen ist.

Abb. 4.3: Tausenderbrett mit Rechenblöcken (Spectra-Verlag)

- Rechnet man an *einer* Tausendertafel, so sind zwar die einzelnen Schritte noch durchführbar, aber das Verständnis des gesamten Rechenweges ist schwierig, weil die beteiligten Zahlen und Zwischenschritte nicht mehr zu erkennen sind.

Günstiger ist es, für Rechnungen in mehreren Schritten eine mit Folie beklebte Tausendertafel zu verwenden, auf der die Kinder Zahlen eintragen und Rechenwege mit Pfeilen zeichnen oder mit Plättchen legen können (Abb. 4.4).

Eine Vorlage für die Herstellung eines Tausenderfeldes enthält die Abbildung 4.5.

Tausenderstrahl

Neben den Materialien, die die Zehnerbündelung betonen, darf auch für größere Zahlen die lineare Zahldarstellung nicht vergessen werden. Daher sollte auf jeden Fall ein großer Zahlenstrahl bis 1000 vorhanden sein. Die Schwierigkeit besteht darin, daß die Einheit weder zu klein noch zu groß sein darf. Wählt man 1 cm als Einheit, wird der Tausenderstrahl 10 m lang und ist kaum noch in der Klasse unterzubringen. Konstruiert man ihn so, daß er insgesamt 1 m lang wird, sind die Striche zwischen Nachbarzahlen nur 1 mm auseinander und damit für viele Aktivitäten ungeeignet.

Ein Kompromiß: Als Einheit werden 4 mm gewählt, der Tausender ist dann 4 m lang. Er hat an der Wand oder an einer Tafel mit zwei Seitenflügeln Platz. Diesen Zahlenstrahl können die Kinder in gemeinsamer Arbeit herstellen. Sie brauchen dazu nur zehn Hunderterabschnitte zusammenzukleben (Vorlage Abb. 3.14 mit entsprechenden Änderungen). Die Übersicht wird erleichtert, wenn die Hunderter auf verschiedenfarbige Pappe geklebt werden.
Einige Stichworte zu Aktivitäten am Tausenderstrahl:

- *Orientierung im Tausenderraum*
  Die Kinder können zu einer Zahl sowohl den zugehörigen Teil der Punktreihe zeigen (Abdeckkarton) als auch die Zahl am Strahl markieren. Dies kann mit Hilfe von Kärtchen geschehen, auf die die Zahlen geschrieben werden und die an der jeweiligen Stelle angeheftet werden.
- *Schritte am Zahlenstrahl*
  Die Schritte werden durch Pfeile von der Start- zur Zielzahl veranschaulicht. Der

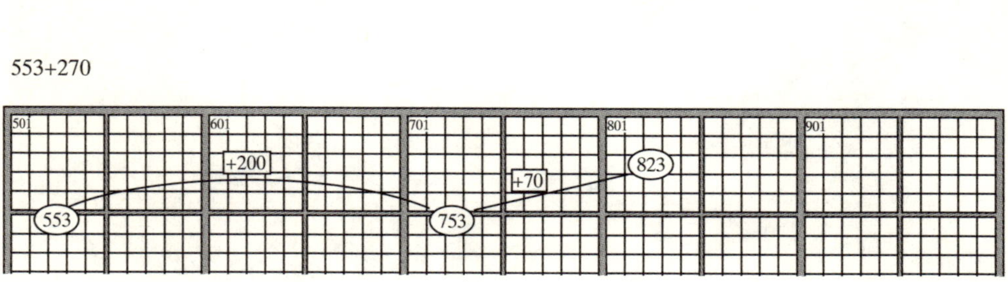

Abb. 4.4: Rechnen mit Pfeilen im Tausenderfeld

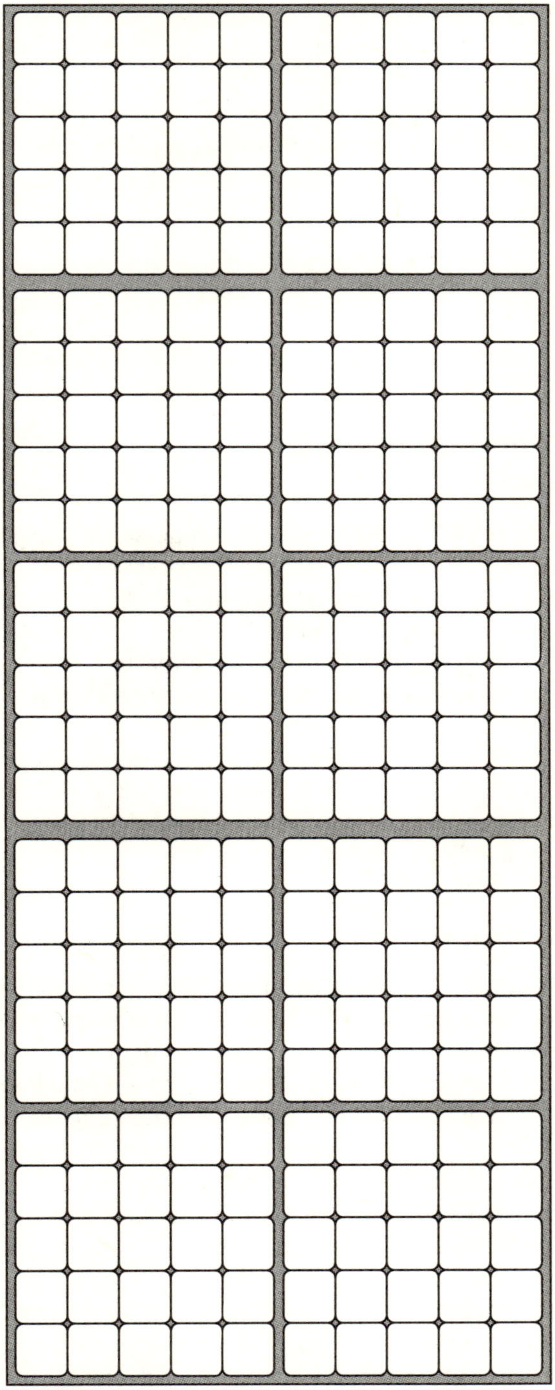

Abb. 4.5: Vorlage für ein Tausenderfeld
Aus vier Kopien der Vorlage erhält man ein Tausenderfeld, am besten faltbar auf Karton geklebt und mit Folie überzogen.

besondere Wert des Tausenderstrahles liegt darin, daß die Größe der Schritte an der Länge der Pfeile zu erkennen ist.

- *Rechnen am Zahlenstrahl*
  Durch Vorwärts- und Rückwärtsschreiten am Zahlenstrahl lassen sich Aufgaben zum Addieren, Ergänzen, Subtrahieren, auch zum Zehnereinmaleins handelnd lösen. Insbesondere kann der Tausenderstrahl helfen, verschiedene Lösungswege darzustellen (Abb. 4.6).

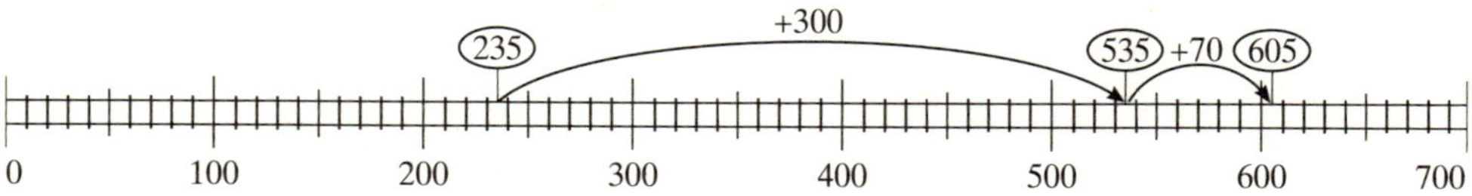

Abb. 4.6: Rechnen am Tausenderstrahl

Als Arbeitsmaterial für die Kinder ist ein Tausenderstrahl geeignet, der 40 cm lang ist und auf dem nur 100 Intervalle eingezeichnet sind. Es sieht genauso aus wie der aus dem 2. Schuljahr bekannte Hunderterstrahl, allerdings bedeutet nun der Schritt von einem Strich zum nächsten ein Weiterzählen um 10. Eine Zahl wie 637 ist zwar nicht mehr genau zu zeigen, aber für viele Orientierungsübungen im Zahlenraum bis 1000 ist dieser Strahl durchaus geeignet, insbesondere für das Rechnen mit Vielfachen von 10.

Will man genauer erkennen, wie es etwa in der Umgebung einer Hunderterzahl aussieht, kann man den entsprechenden Ausschnitt auf das Zehnfache vergrößern. Durch diese *Lupe* erkennt man auch die Einerschritte und kann Aufgaben wie 297+5, 291+10, ... anschaulich rechnen.

Ziffernkarten und Zahlenstreifen

Ein Material, das auf den ersten Blick nicht viel herzugeben scheint, sind Ziffernkarten, Plättchen aus Pappe oder Holz, auf denen nur die Ziffern von 0 bis 9 stehen. Verwendet man sie, losgelöst von anderen Materialien, lediglich um Zahlen zu legen, ist in der Tat nicht viel mehr erreicht, als wenn diese Zahlen auf dem Papier notiert werden. In Verbindung mit Stellenwertblöcken, Tausendertafeln u.a. dagegen bieten die Ziffernkarten eine gute Möglichkeit, Zahlen und Rechnungen festzuhalten. Die Kinder erfahren dabei, daß es entscheidend auf die Reihenfolge der Ziffern ankommt.

Später können die Kärtchen auch als eigenständiges Lern- und Spielmaterial genutzt werden. Einige Stichworte:

- Drei Karten werden gezogen. Wer kann damit die größte (die kleinste) Zahl legen?
- Die Karten werden nacheinander gezogen. Jedesmal muß man sich entscheiden, ob man die Zahl als Einer, Zehner oder Hunderter setzten will. Wer hat am Ende die höchste (die niedrigste) Hausnummer?
- Drei Karten werden gezogen, daraus alle möglichen Zahlen gebildet. Die (sechs) verschiedenen Zahlen werden addiert. Was fällt auf?

- Eine Zahl und ihre »Spiegelzahl« werden gebildet, dann wird der Unterschied ausgerechnet.
- Aus sechs Karten werden zwei dreistellige Zahlen gebildet. Die Summe (der Unterschied) soll möglichst groß (möglichst klein) werden oder nah an eine vorgegebene Zahl herankommen.

Ein Material, das noch etwas von der Größe der Zahlen verrät, sind *Zahlenstreifen*. Einer, Zehner und Hunderter werden auf verschieden lange Pappstreifen geschrieben. Damit kann man Zahlen zusammenbauen. Insbesondere erhält man die Ziffernfolge der Zahl, wenn man die Streifen übereinanderlegt.

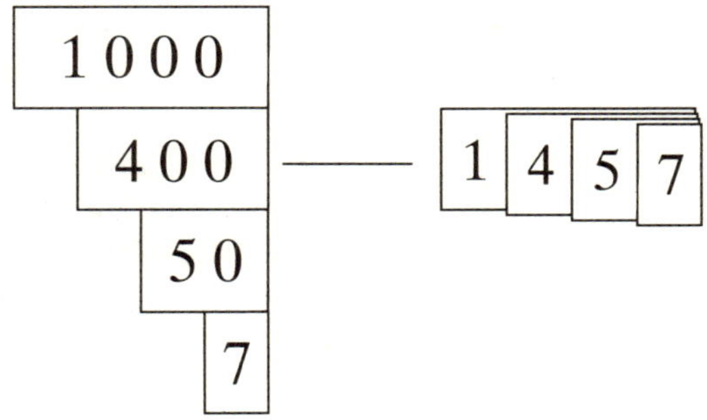

Abb. 4.7: Zahlenstreifen

Auch hier kann man verschiedene Spielideen einbringen und Verbindungen zu anderen Darstellungen schaffen. Die Streifen eignen sich ebenfalls, um Rechnungen in der Stellentafel nachzuvollziehen.

Stellentafeln

Ein klassisches Material für größere Zahlen sind Stellentafeln (Rechenbretter) in verschiedenen Varianten, keineswegs nur in der Schule, sondern als Hilfsmittel, mit denen Menschen über viele Jahrhunderte gerechnet haben und z.T. noch heute rechnen.

Stellentafeln werden im Unterricht vor allem in Verbindung mit den schriftlichen Rechenverfahren eingesetzt. Dadurch werden jedoch Chancen vertan, die die Stellentafel bietet. Günstiger ist es, sie durchgehend bei der Erarbeitung größerer Zahlen zu verwenden. So kann sie den Kindern helfen, die Ergebnisse von Bündelungsprozessen und konkreten Zahldarstellungen in die Ziffernschreibweise zu übersetzen. Die 375 wird nun nicht mehr durch 375 Objekte (Perlen, Punkte ...) dargestellt, sondern durch 3 Plättchen in der Hunderterspalte, 7 Plättchen in der Zehnerspalte und 5 Plättchen in der Einerspalte. Dies ist ein erheblicher Abstraktionsprozeß, da nun dasselbe Plättchen für unterschiedliche Zahlen stehen kann. Je nachdem, an welcher Stelle es liegt, vertritt es die 1, die 10 oder die 100. Nur seiner Position ist anzusehen, welchen Wert es hat. Dies ist der entscheidende Schritt zum Stellenwertsystem!

Dabei sollte auch das Material einen Prozeß fortschreitender Schematisierung durchlaufen.

- Zunächst werden in der Kopfzeile der Tafel noch die jeweiligen Bündelungsstufen bildlich aufgenommen, z.B. kleine Würfel, Stangen und Platten.
- Später werden die Stufen nur noch durch die Symbole »E«, »Z«, »H« gekennzeichnet.
- Am Ende erscheinen nur noch Ziffern in den Stellen.

Technische Hinweise
Wie ein Rechenbrett »im Prinzip« aussieht, ist klar: Man braucht nur Felder für die Einer, Zehner, Hunderter ..., in denen die jeweils vorhandene Anzahl durch Plättchen oder Punkte markiert wird. Im Gebrauch gibt es dann doch erhebliche Schwierigkeiten: Plättchen oder Muggelsteine lassen sich schlecht greifen, Kugeln rollen weg. In den einzelnen Feldern entsteht ein ziemliches Durcheinander, und die Kinder müssen jeweils wieder abzählen, wie viele Einer, Zehner oder Hunderter vorhanden sind. Insbesondere können sie nicht auf einen Blick erkennen, ob zehn Objekte gegen eins in der nächsthöheren Stufe einzutauschen sind.

Ob das Rechenbrett als Arbeitsmaterial einen festen Platz im Unterricht gewinnen kann, hängt auch von solchen »Kleinigkeiten« ab. Eine technische Ausführung, die sich bewährt hat: Statt Plättchen werden kleine Würfel (Kantenlänge 1cm) verwendet. So kann man 5 oder 10 Würfel mit einem Griff dazulegen oder wegnehmen. Für die einzelnen Stellen sind Felder aufgezeichnet, in denen gerade 2mal 5 Würfel Platz haben. Noch schöner ist eine Holzausführung mit entsprechenden Aussparungen. Abbildung 4.8 zeigt eine Stellentafel, die aus den schon aus dem Anfangsunterricht bekannten Schiffchen aufgebaut ist.

Die Stellen werden durch unterschiedliche Farben gekennzeichnet. Verschiedenfarbige Steine sind weniger günstig, weil die Kinder beim Legen und Umtauschen ständig auf die richtige Farbe achten müßten. Für das Rechnen mit größeren Zahlen kann das Rechenbrett dadurch erweitert werden, daß ein zweites Brett links angebaut wird. So wiederholen sich in den Tausendern die Farben der ersten drei Stellen. Bei längeren Rechnungen, insbesondere bei Multiplikationen, braucht man oft auch mehrere Zeilen untereinander. Diese kann man ebenfalls leicht mit Hilfe mehrerer Bretter herstellen.

Abb. 4.8: Stellentafel aus Holz

Zahldarstellungen und operative Übungen

Das Rechenbrett eignet sich für eine Fülle von operativen Übungen. Einige Möglichkeiten halten die folgenden Stichworte fest:

- Zahlen in der Stellentafel legen und mit anderen konkreten Darstellungen verbinden
- Übersetzen in Ziffernschreibweise (Ziffernkärtchen)
- Ergänzen zum vollen Zehner bzw. Hunderter mit Wechseln in die nächsthöhere Einheit
- einfache Aufgaben zum Addieren und Subtrahieren: Einer, Zehner, Hunderter kommen hinzu oder werden entfernt
- Zahlen mit 4 Plättchen legen: Welches ist die größte (die kleinste) Zahl, die man erhält? Wer findet alle Zahlen, für die genau 4 Plättchen gebraucht werden?
- Plättchen verschieben: Was passiert, wenn ein Plättchen von den Zehnern zu den Einern, von den Hundertern zu den Zehnern oder umgekehrt wandert?

Viele weitere Übungen dieser Art sind möglich – und sollten nicht zu kurz kommen!

Rechnen auf verschiedenen Wegen

Die skizzierten Übungen liefern schon wichtige Bausteine für das Rechnen mit großen Zahlen, mit deren Hilfe komplexere Strategien entwickelt werden können. Es kommt jedoch nicht darauf an, möglichst schnell Standardverfahren zu entwickeln. Die Entdeckung verschiedener Rechenwege, die im Kopf oder halbschriftlich ausgeführt werden, ist für die Förderung des Zahlverständnisses und das bewegliche Rechnen viel wichtiger. Aus gutem Grund werden in neueren Vorschlägen die Eigenständigkeit und die Bedeutung dieser Strategien betont, da nur sie den Kindern Möglichkeiten eröffnen, auch auf ihren *eigenen* Wegen zu rechnen (vgl. Wittmann/Müller, 1992).

Einige Aktivitäten, die das Kopfrechnen stützen und zum halbschriftlichen, später zum schriftlichen Rechnen hinführen, sollen an dieser Stelle etwas genauer erläutert werden. Sie sind nicht an die Stellentafel mit Plättchen gebunden, sondern können auch – konkreter – mit den Stellenwertblöcken oder – schon abstrakter – mit Ziffern(-kärtchen) durchgeführt werden. Die Arbeit mit Plättchen oder Würfeln in der Stellentafel nimmt dabei eine Mittlerrolle ein, weil sie einerseits zentrale Ideen noch handelnd zu erfassen erlaubt, andererseits aber bereits die Loslösung von Hunderterplatten, Zehnerstangen und Einerwürfeln erleichtert und so näher an das schriftliche Rechnen heranführt.

Schon bei der *Addition* gibt es mehrere mögliche Strategien. Je nachdem, ob man *stellenweise* addiert oder *schrittweise* zum ersten Summanden erst die Hunderter, dann die Zehner, am Ende die Einer des zweiten Summanden addiert, ergeben sich auch unterschiedliche Handlungen am Rechenbrett. Ein weiterer Weg zum Ziel führt über einfachere Aufgaben. (Konstanz der Summe: 279+198=277+200)

Noch deutlicher laufen die Wege bei der *Subtraktion* auseinander, da die angesprochenen Strategien mit dem *Abziehen* und dem *Ergänzen* verbunden werden können.

In den folgenden Skizzen sind einige *Beispiele* für einfache Rechnungen festgehalten.

Addieren ohne Überschreiten
Nur an der Zehnerstelle ändert sich etwas, Hunderter und Einer bleiben unberührt.

535 + 40 = 575

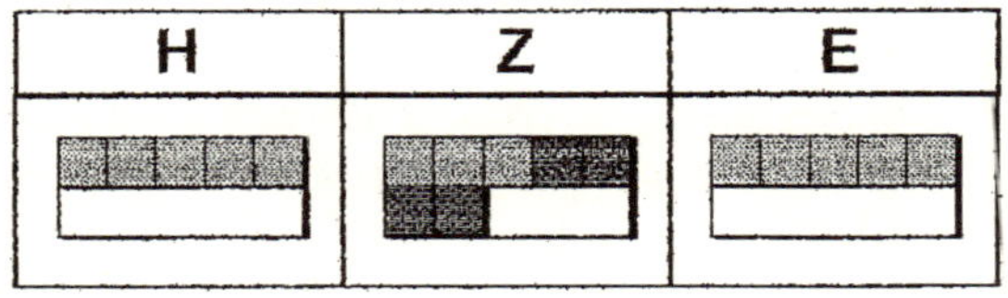

Addieren mit Überschreiten
Ein neuer Hunderter entsteht, die 10 Zehner werden durch ein Plättchen in der Hunderterstelle ersetzt.

535 + 90 = 625

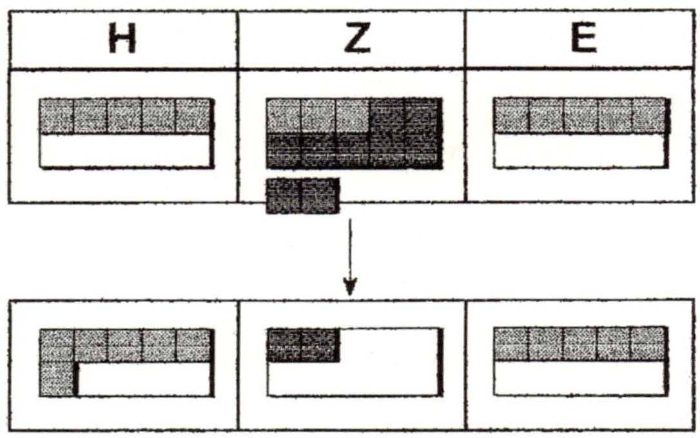

Subtrahieren mit Überschreiten
Um 7 Zehner subtrahieren zu können, muß zunächst ein Hunderter in Zehner verwandelt werden. Dann werden die 7 Zehner entfernt, und das Ergebnis kann abgelesen werden. (In der Zeichnung sind die Zehner, die weggenommen werden, durchgestrichen.)

535 - 70 = 465

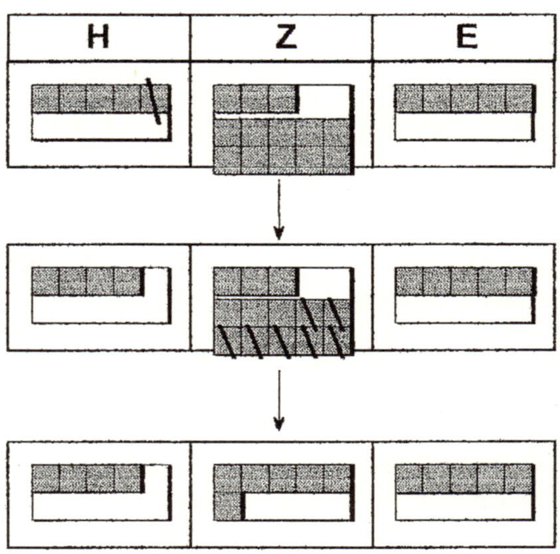

Im Prinzip lassen sich in entsprechender Weise auch Aufgaben in mehreren Teilschritten auf dem Rechenbrett darstellen. Allerdings fällt es den Kindern schwer, bei allem Hinzulegen, Wegnehmen, Umtauschen noch den Überblick zu behalten, da bei der konkreten Arbeit anders als in bildlicher Darstellung bei jeder Veränderung der vorherige Zustand verschwindet – und damit auch die Möglichkeit, auf ihn zurückzugreifen und über die Schritte nachzudenken. Daher ist die Hilfe durch das Material hier nur noch begrenzt. Material kann auch blind machen und der Verinnerlichung der Operationen im Wege stehen. Es ist günstiger, zwar die Einzelschritte am Rechenbrett zu erarbeiten und die Grundideen einsichtig zu machen, bei mehrschrittigen Aufgaben jedoch den Schwerpunkt auf andere Darstellungen wie den Zahlenstrahl und das Tausenderfeld zu verlagern und mit halbschriftlichem Rechnen zu verbinden.

Schritte zu den schriftlichen Rechenverfahren

Das Ziel besteht nicht darin, schriftliches Rechnen durch Hantieren am Rechenbrett zu ersetzen. Das Material hat auch hier seinen Zweck erfüllt, wenn es Einsicht in die Grundideen der Rechenverfahren vermittelt. Daher wird das Vorgehen, das der schriftlichen Addition und Subtraktion entspricht, nur kurz beschrieben.

Bei der *Addition* ist der Schritt von den bereits geschilderten Vorgehensweisen zum *Algorithmus* nicht mehr weit. Es ist zunächst noch zu vereinbaren, daß mit dem Addieren bei den Einern begonnen und dann zu den höheren Stellen übergegangen wird (das erspart zusätzliche Arbeit). Außerdem werden die Additionen stellenweise im Kopf durchgeführt, die Überträge notiert und die Ergebnisse in einer *dritten* Zeile festgehalten.

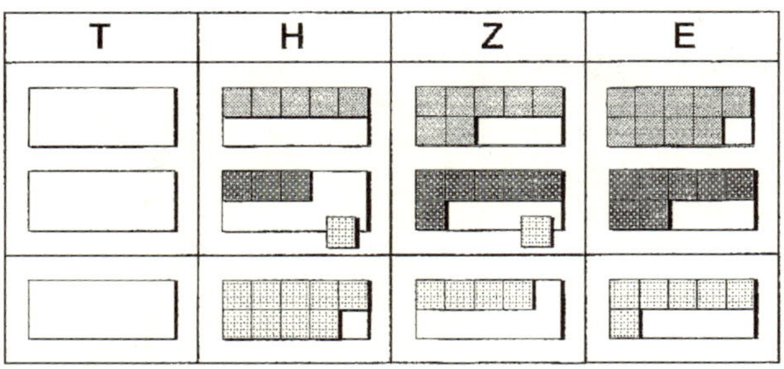

$$\begin{array}{r} 5\ 7\ 9 \\ +\ 3_1\,6_1\,7 \\ \hline 9\ 4\ 6 \end{array}$$

Addieren am Rechenbrett

Die *Subtraktion* bereitet mehr Probleme als die Addition, vor allem weil verschiedene Grundideen zu deutlich voneinander abweichenden Rechenverfahren führen. Die Verfahren sollen hier nur skizziert werden. (Ausführlichere Analysen findet man etwa bei Radatz/Schipper, 1983; Floer, 1985; Padberg, 1992; Wittmann/Müller, 1992.)

– Zerlegungsverfahren
  Bei Bedarf werden im Minuenden Einheiten höherer Stufe aufgelöst. Stellenweise wird der Unterschied durch Subtrahieren oder Ergänzen gebildet. Das Verfahren stützt sich nur auf die zentrale Idee unseres Stellenwertsystems und ist leicht durchschaubar.

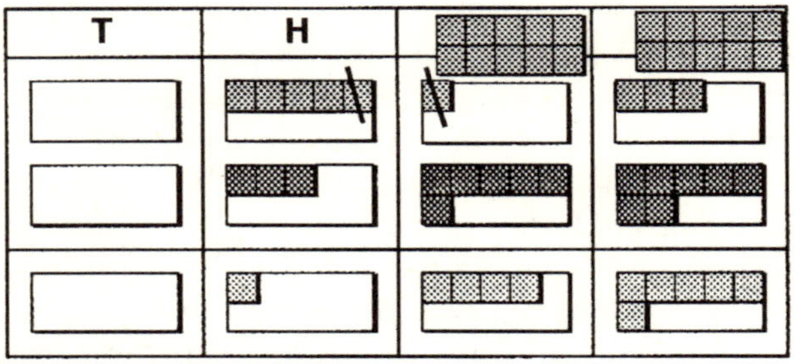

$$\begin{array}{rccc} & & {\scriptstyle 10} & {\scriptstyle 10} \\ & 5' & 1' & 3 \\ - & 3 & 6 & 7 \\ \hline & 1 & 4 & 6 \end{array}$$

Zerlegungsverfahren

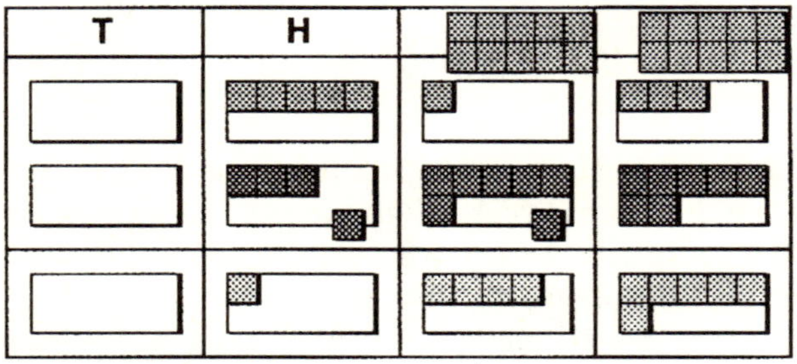

$$\begin{array}{rccc} & & {\scriptstyle 10} & {\scriptstyle 10} \\ & 5 & 1 & 3 \\ - & 3_1 & 6_1 & 7 \\ \hline & 1 & 4 & 6 \end{array}$$

Erweiterungsverfahren

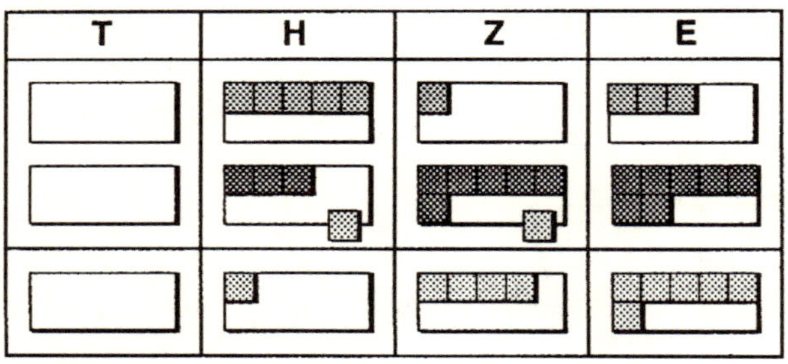

$$\begin{array}{rccc} & 5 & 1 & 3 \\ - & 3_1 & 6_1 & 7 \\ \hline & 1 & 4 & 6 \end{array}$$

Auffüllverfahren

Abb: 4.9: Verschiedene Verfahren der schriftlichen Subtraktion am Rechenbrett

- Erweiterungsverfahren
  Fehlende Einer, Zehner, Hunderter im Minuenden werden nicht mehr durch Entbündeln gewonnen. Vielmehr werden beispielsweise 10 Einer hinzugenommen und durch 1 zusätzlichen Zehner im Subtrahenden »ausgeglichen«. Das Verfahren stützt sich auf das Gesetz von der *Konstanz der Differenz*. Obwohl es weniger einsichtig als das Zerlegungsverfahren ist, wird es von den meisten Lehrplänen vorgeschrieben.
- Auffüllverfahren
  Der Unterschied wird dadurch ermittelt, daß der Subtrahend Stelle für Stelle bis zur jeweiligen Zahl im Minuenden ergänzt (»aufgefüllt«) wird. Die kleine 1 gibt

nun an, daß das Ergänzen in den nächsten Zehner, Hunderter ... des Subtrahenden geführt hat. Das Verfahren hat den Vorteil, daß es gut zum schrittweisen Ergänzen beim Kopfrechnen paßt. Ob die Kinder in der am Ende entstehenden Kurzschreibweise die Überlegungen noch erkennen, ist allerdings fraglich.

Wie die drei Verfahren am Rechenbrett dargestellt werden, zeigt die Abbildung 4.9.

Multiplikation auf dem Rechenbrett

Bei der Multiplikation (und erst recht bei der Division) werden die Grenzen der Stellentafel noch deutlicher. Um die Aufgabe 413 · 28 zu lösen, hilft es nun gar nichts mehr, die beiden Zahlen auf dem Rechenbrett zu legen und die Steine »irgendwie« hin und her zu scheiben. Auch die 413 geduldig 28 mal zu legen, ist nicht der Ausweg. Es ist günstiger, nur eine Zahl zu legen, die andere als »Operator« zu interpretieren.

Die folgenden Beispiele zeigen, wie sich so die beiden Grundaufgaben bearbeiten lassen, aus denen alle anderen Multiplikationen aufgebaut werden: die Multiplikation mit 10 und mit einstelligen Zahlen.

– Multiplikation mit 10

  Die Grundidee: Aus jedem Einer wird ein Zehner, aus jedem Zehner ein Hunderter, aus jedem Hunderter ein Tausender.
  Am Rechenbrett bedeutet dies, daß jedes Plättchen um eine Stelle nach links verschoben wird.
  In der Zifferndarstellung heißt dies gerade, daß die Ziffernfolge erhalten bleibt und am Ende eine Null angehängt wird.

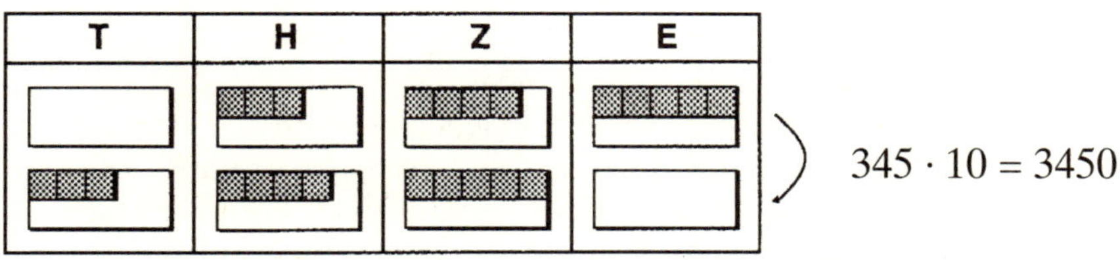

– Multiplikation mit einstelligen Zahlen

  Die Grundidee: Stellenweise wird multipliziert. Die Teilprodukte können zunächst auf dem Rechenbrett vollständig gelegt werden, erst danach wird in größere Einheiten umgetauscht. (Die in der Zeichnung notierten Belegungen treten beim konkreten Vorgehen natürlich *nacheinande*r auf.)

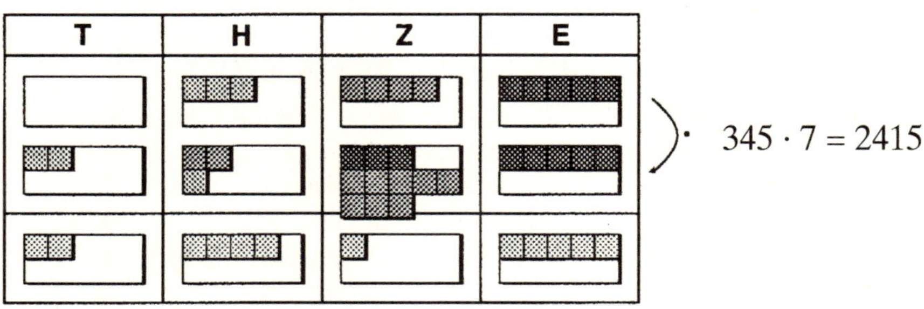

Ein kürzere Darstellung erhält man, wenn man den Übertrag sofort zum nächsten Teilprodukt addiert und gegebenenfalls größere Einheiten bildet.

Die beiden Bausteine reichen – geschickt kombiniert – aus, um jede noch so schwierige Multiplikation zu bewältigen. Dennoch scheint hier die Grenze der Stellentafel erreicht. Die vielfältigen Handlungen mit Plättchen verwirren eher, als daß sie beim einsichtigen Lernen helfen. Daher ist es günstiger, zwar die einfacherern Operationen noch konkret durchzuführen, dann zum schriftlichen Rechnen überzugehen.
Ein großes Multiplikationsbrett gibt es als Montessori-Material. Es ist so gestaltet, daß die gleichen Stellen auf diagonal angeordneten Feldern gleicher Farbe liegen. Darauf wird mit farbigen Perlenstangen oder Ziffernkarten gerechnet. Eine veränderte Form dieses Rechenbrettes, das besser zu dem üblichen Multiplikationsverfahren paßt, beschreiben Homagk/Keune (1982).

Zusammenfassend kann man festhalten: Zwar lassen sich am Rechenbrett die Grundideen des dezimalen Stellenwertsystems deutlich machen. Dennoch zeigen sich erhebliche Probleme, wenn komplexere Rechnungen »durchgespielt« werden. Ob durch die Handlungen mit den Plättchen auch die intendierten Vorstellungsbilder im Kopf des Lernenden aufgebaut werden, ist keineswegs sicher. Wenn die Stellentafel zu einer wirksamen Hilfe beim Lernen werden soll, dann müssen die Kinder behutsam und langfristig mit ihr vertraut gemacht werden. Wieweit sie dann auch noch die schriftlichen Rechenverfahren stützen kann, muß die Lehrerin im Einzelfall entscheiden.

Zählwerke

Losgelöst von Goldtalern, Blöcken und Punktfeldern werden große Zahlen – am Ende – nur noch durch Ziffernfolgen dargestellt. Dabei bleibt von den Handlungen, die zuvor mit dem Material durchgeführt worden sind, nichts mehr übrig. Es ist für viele Kinder der Sprung über einen tiefen Graben – von dem einigermaßen sicheren Ufer der konkreten Handlungen und bildlichen Vorstellungen zur formalen, oft bedeutungsleeren Arithmetik.

Um diese Kluft zu überwinden, müssen in allen Phasen des Lernprozesses Brücken zwischen den verschiedenen Darstellungen geschlagen werden:

- Zahlen mit konkretem Material darstellen und mit Ziffernkarten oder Zahlenstreifen die Zahlwörter bilden (und umgekehrt)
- Rechenoperationen konkret und bildlich ausführen und die Handlungen in Zahlzeichen übersetzen
- Veränderungen in verschiedenen Darstellungen in Beziehung bringen.

Diesem Brückenschlag dient auch der »Kilometerzähler«, den die Kinder bereits im Hunderterraum kennengelernt haben. Für größere Zahlen muß er weiter ausgebaut werden. Die Abbildung 4.10 zeigt einen Zähler für dreistellige Zahlen, den man leicht aus drei Streifen mit den Ziffern 0 bis 9 herstellen kann.

Ein Modell mit drei *Kreisschreiben* für die Einer, Zehner und Hunderter erfordert etwas mehr Konstruktionsaufwand. (Abb. 4.11., S. 101 und 4.12, S. 102)

Mit dem Stellenschieber und den Rechenscheiben können die Kinder den Umgang mit Zahlzeichen zumindest bis zu einem gewissen Grad handelnd vollziehen. Einige Aktivitäten in Stichworten:

- Konkret dargestellte Zahlen am Zähler einstellen (und umgekehrt).
- Weiterzählen: die Einerstelle um 1 weiter schieben. Erscheint dort die 0, muß der Zehner um 1 vergrößert werden. (Beim Kilometerzähler am Fahrrad geschieht dies automatisch, hier müssen die Kinder den Übergang selbst vornehmen.)
- In Zehner- oder Hunderterschritten weiterzählen: Die Zahlen auf den entsprechenden Streifen werden verändert, evtl. mit einem Übertrag in der nächsten Stelle.
- Zum nächsten Zehner ergänzen: Den Einerstreifen auf 0, den Zehnerstreifen auf die nächste Ziffer stellen.
- Rechnungen in mehreren Schritten ausführen: erst die Hunderter, dann die Zehner, am Ende die Einer addieren. Auf diese Weise können auch schwierigere Rechnungen nachvollzogen werden.
  Beispiel: 285+137=422

| 2 | 8 | 5 | —— +100 ——→ | 3 | 8 | 5 | —— +30 ——→ | 4 | 1 | 5 | —— +7 ——→ | 4 | 2 | 2 |

Natürlich können die Rechenstreifen oder -scheiben keine Grundvorstellungen von Zahlen und Rechenoperationen erzeugen. Wohl aber helfen sie, gewonnene Einsichten in Zeichen festzuhalten und konkrete Handlungen zu verinnerlichen. Wann und wie weit sich ein Kind von den konkreten Stützen lösen kann und versteht, daß alle Informationen über die Zahl in der Ziffernfolge gespeichert sind, wird individuell sehr verschieden sein. Dies muß auch der Unterricht berücksichtigen. Bei vielen Kindern erfordert der Prozeß einige Geduld – aber die Entdeckung der Geheimnisse unseres Stellenwertsystems ist ja auch keine Kleinigkeit!

Rechenuhren

Eine Art »Kreuzung« aus Kilometerzähler und Stellentafel sind die *Rechenuhren* (Abb. 4.13, S. 105). Zahlen werden stellenweise durch Plättchen gelegt, jede Stelle durch ein Plättchen auf dem entsprechenden Feld.

Diese Darstellung hat einige Vorteile:

- Man braucht für jede Stelle nur ein Plättchen. Das macht die Darstellung von Zahlen erheblich einfacher als etwa in der Stellentafel.
- Addieren wird als Weitergehen in der jeweiligen Stelle dargestellt, Subtrahieren als Zurückgehen. Dadurch werden die Rechenoperationen stärker durch Handlungen gestützt als beim Kilometerzähler.
- »Volle« Stellen werden an die nächste Stelle weitergegeben: Ein Plättchen auf der 10 wird auf die 1 in der nächsten Stelle geschoben. Wann ein Übertrag erfolgen muß, ist leicht zu erkennen.

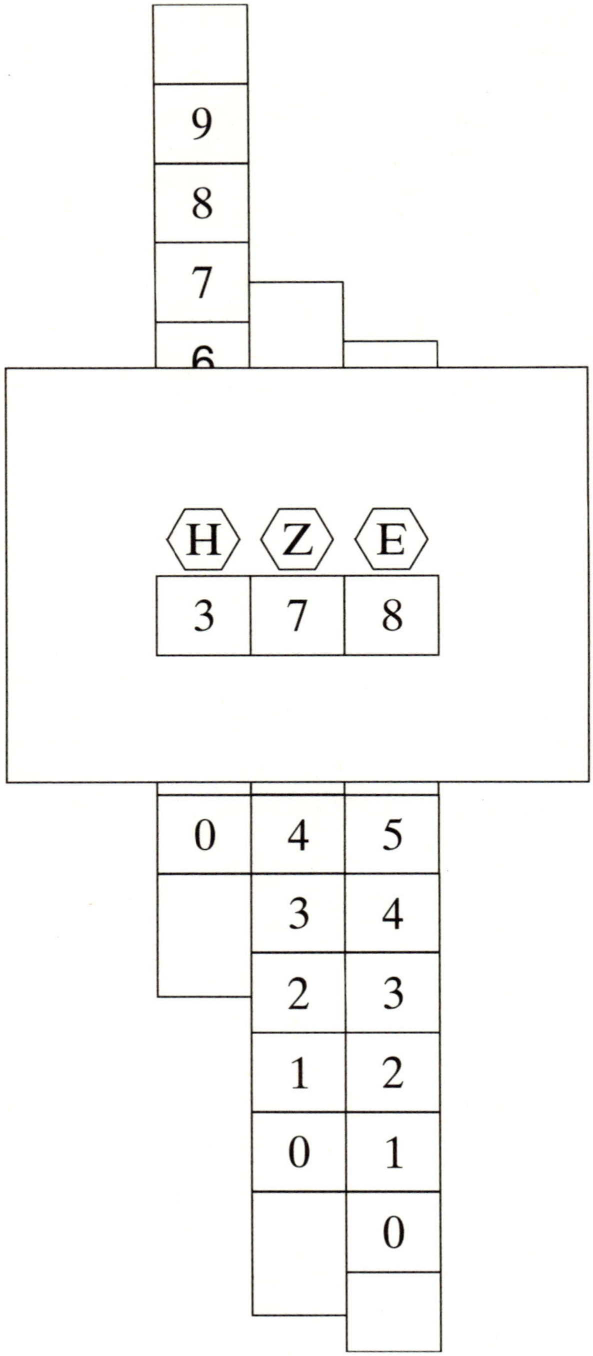

Abb. 4.10: Zähler aus Streifen
Die Abbildung kann auch als Vorlage für die Herstellung verwendet werden. Die Pappe mit dem Sichtfenster wird auf ein zweites Stück gleicher Größe geklebt, an den Seiten mit zwei schmalen Zwischenstreifen.

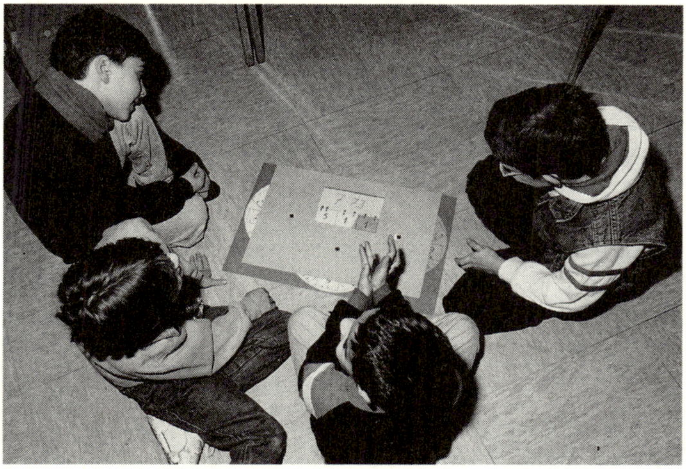

Abb. 4.11: Kinder bei der Arbeit mit großen Rechenscheiben

Die Rechenuhren sind in verschiedener Weise einsetzbar.

- Sie können (wieder in Verbindung mit anderen Materialien) zum Notieren von Zahlen und einfachen Rechnungen verwendet werden. Diese Möglichkeiten sind oben für den Kilometerzähler erläutert.
- Die Addition (und mit etwas mehr Mühe auch die Subtraktion) kann in der Weise durchgeführt werden, daß die beiden Zahlen mit Plättchen in verschiedenen Farben dargestellt werden. Dann wird stellenweise die Summe (bzw. der Unterschied) gebildet. Bei der Subtraktion müssen natürlich bei Bedarf größere Einheiten in kleinere umgewandelt werden.
- Endlich kann man auch schriftliche Rechenverfahren nachvollziehen. Dazu ist es günstig, die beiden Ausgangszahlen und das Ergebnis auf drei getrennten Rechenuhren darzustellen. Stellenweise wird im Kopf addiert oder subtrahiert und das Ergebnis jeweils durch ein Plättchen notiert. Ein Beispiel für die Subtraktion nach dem Erweiterungsverfahren zeigt die Abbildung 4.14.

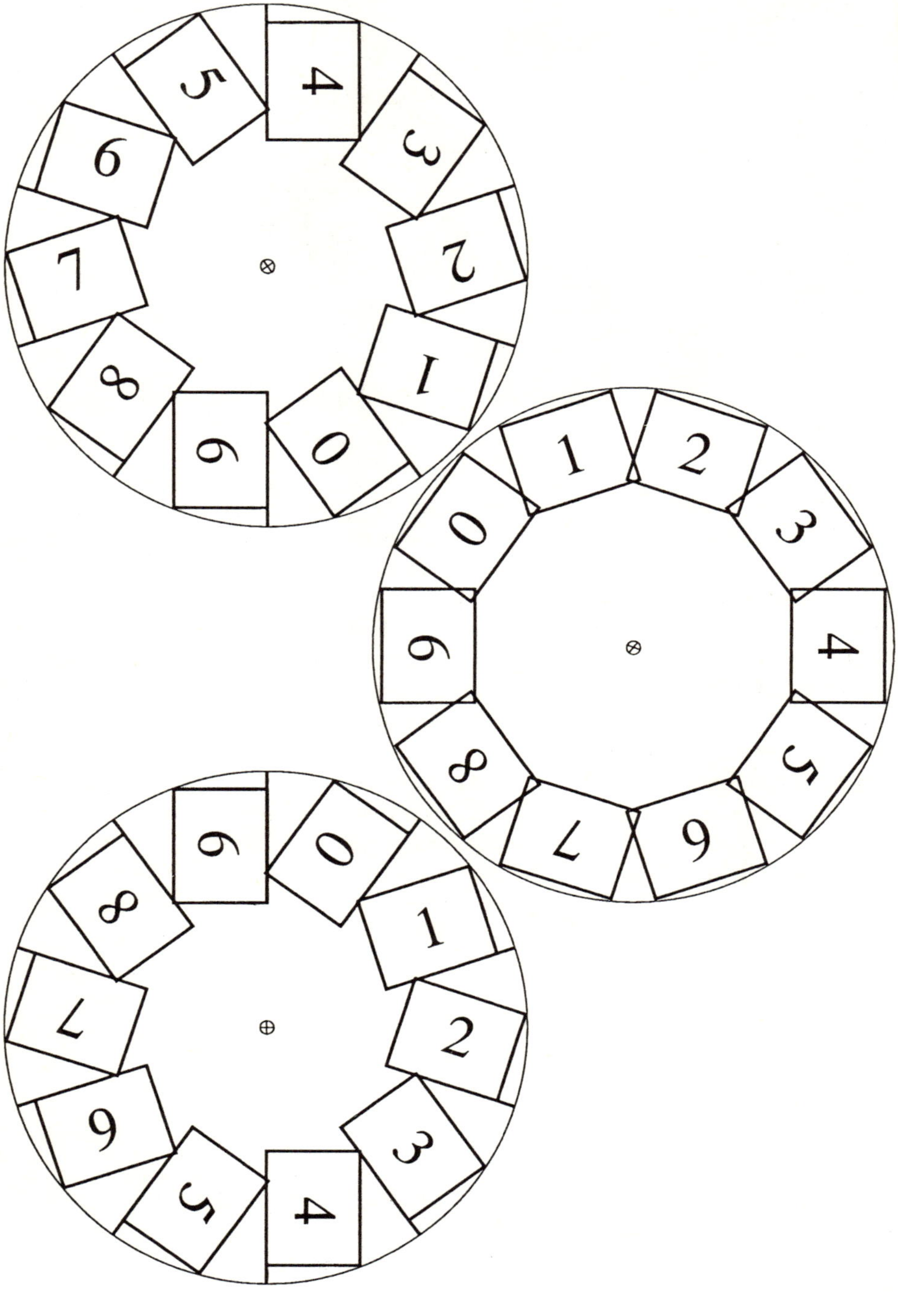

Abb. 4.12: Rechenscheiben (Kopiervorlage)
Ausschneiden, mit Druckknöpfen auf einem dünnen Karton befestigen und aus Klarsichtfolie ein Deckblatt mit einem passenden Sichtfenster herstellen.

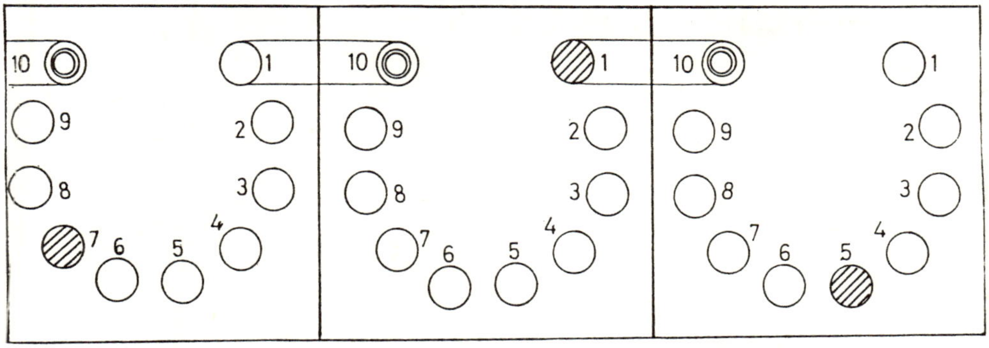

Abb. 4.13: Rechenuhren

In einem anderen Design läßt sich dieselbe Grundidee als *Rechentreppe* ausgestalten. (Vgl. Floer, 1985; dort findet man Einzelheiten zum Umgang mit diesem Material.)

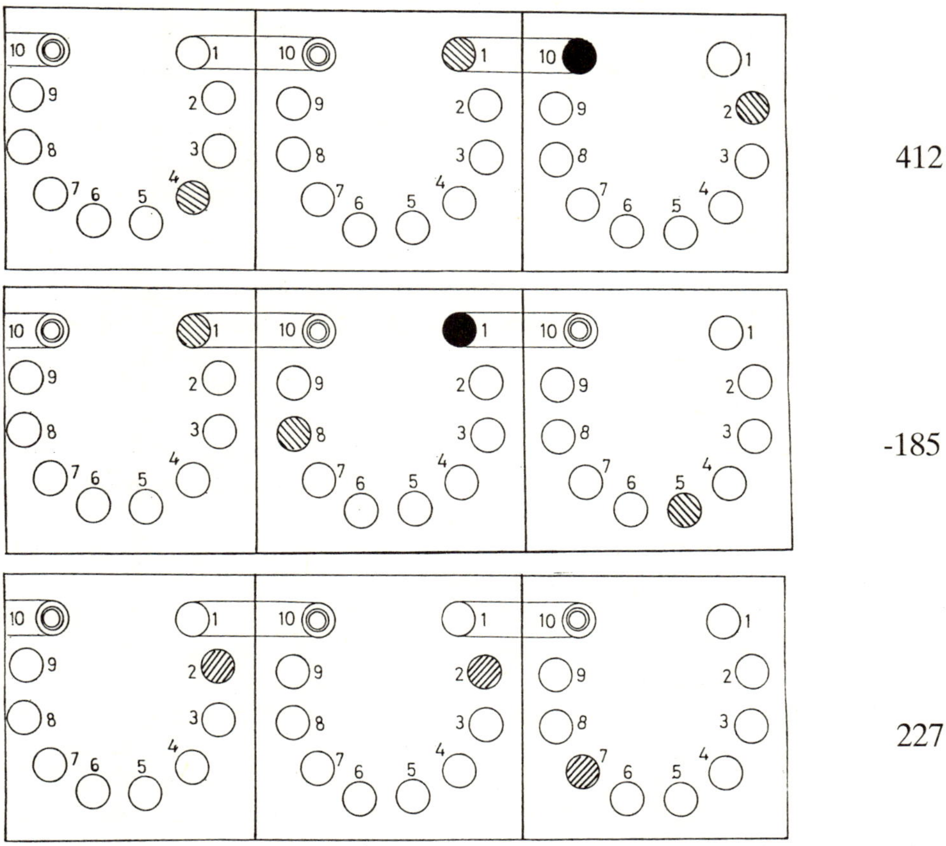

Abb. 4.14: Subtraktion mit Rechenuhren

5. Materialien zum Üben

Prinzipien des Übens

Die Bedeutung konkreten Materials für einsichtiges Lernen ist ein durchgehendes Leitthema der vorangegangenen Abschnitte. Ebenso aber ist an vielen Stellen deutlich geworden, wie wichtig die Loslösung von dem Material für die Entwicklung des arithmetischen Denkens ist. So kommt im Unterricht (je nach den Bedürfnissen und Möglichkeiten des einzelnen Kindes) früher oder später der Punkt, an dem das Material in den Hintergrund tritt und die Kinder die gewonnenen Einsichten an vielen Beispielen vertiefen und dabei festigen. Diese Phase des Lernprozesses wird oft (im engeren Sinne) als *Üben* bezeichnet. Allerdings könnte diese Kennzeichnung zu Mißverständnissen führen. Üben vollzieht sich ja in allen Stadien des Lernprozesses, auch schon beim Umgang mit dem konkreten Material. Die späteren Phasen sind dadurch gekennzeichnet, daß der Schwerpunkt auf der symbolischen Ebene liegt. Dabei *können* die Kinder zwar bei Bedarf auf konkrete Veranschaulichungen zurückgreifen, im Mittelpunkt aber stehen Materialien wie Arbeitsblätter, Aufgabenkarten und Spiele. Sie haben eine andere Funktion als Wendeplättchen, Stäbe oder Stellentafeln. Die konkreten Handlungen sind bereits weitgehend verinnerlicht und sollen nun als Denkhandlungen ausgeführt werden und bei der Lösung zahlreicher Aufgaben helfen. Keineswegs ist dabei mechanisches Lernen oder Drill gefordert, sondern durchgehend einsichtiges Lernen. Dies muß bedacht werden, wenn im folgenden von *Materialien zum Üben* die Rede ist. Einige Beispiele werden in diesem Abschnitt vorgestellt.

Bei der Auswahl und der Beurteilung von *Übungsmaterialien* muß man über ihre Funktionen und Grenzen nachdenken. Dies ist nur möglich im Rahmen eines angemessenen Konzepts des Übens. Einige Stichworte sollen als Umrisse dazu dienen. Ausgangspunkt ist die Überzeugung, daß Üben ein wichtiger Teil des Lernprozesses ist. Daher haben neue Einsichten zum Wesen des Lernens auch Konsequenzen für unsere Vorstellungen zum Üben. Insbesondere ist ein Modell zu einfach, das mehr oder weniger bewußt noch bei vielen Lehrern vorherrscht: In einer Einführung wird etwas einsichtig gemacht, dann muß es nur noch an genügend vielen Aufgaben geübt werden, um die zu erwerbende Fähigkeit zu »festigen«. Im Rahmen des entdeckenden Lernens kommt man zu einem anderen Ansatz:

> *»Üben muß Einsicht vertiefen, geistige Beweglichkeit fördern und Sachwissen vermehren.«* (Lehrplan Mathematik, Nordrhein-Westfalen, 1985, S. 27)

Dies bedeutet, daß auch beim Üben der Lernprozeß weitergeführt wird: Einsichten werden weiterentwickelt, mit anderen in Verbindung gebracht, übertragen, differenziert.

In Deutschland gibt es eine lange Tradition in der älteren Rechenmethodik, in der immer wieder der Zusammenhang zwischen Übung und Einsicht betont worden ist (vgl. Floer, 1988b).

In Weiterführung dieser Ansätze hat Winter (1984) *Prinzipien des Übens* formuliert, die sich in Stichworten so umreißen lassen:

- Üben soll beziehungsreiches Lernen fördern *(operatives Üben)*.
- Es soll die Kinder zur Herstellung von »Produkten« (Feldern, Tabellen, Figuren ...) anregen, damit verbunden auch zum Finden eigener Aufgaben *(produktives Üben)*.
- Diese Forderungen sind insbesondere durch Übungsformen zu verwirklichen, in denen die einzelnen Aufgaben in übergeordnete Fragestellungen eingebettet sind *(problemorientiertes Üben)*.
- Endlich sollte das Üben, wo immer dies möglich ist, mit Sachsituationen in Verbindung gebracht werden *(anwendungsorientiertes Üben)*.

Neben diesen kognitiven Prinzipien sind sicher noch andere pädagogische Leitideen für das Üben bedeutsam. Beim Üben geschieht mehr als die Auseinandersetzung mit mathematischen Aufgaben und Problemen. Üben soll auch

- dem Kind Vertrauen in seine Fähigkeiten vermitteln,
- Freiraum für Versuche und Entdeckungen lassen,
- die Angst vor Fehlern nehmen,
- zum Lernen mit und von anderen anregen
- und nicht zuletzt Spaß machen.

Für die Unterrichtspraxis ist es wichtig, Übungsformen zu entwickeln, mit denen die Kinder auf unterschiedlichen Anspruchsniveaus arbeiten können. Die Bandbreite reicht vom »einfachen« Rechnen bis zur Entdeckung von Gesetzmäßigkeiten. Dabei wird nicht jedes Kind zum gleichen Ziel kommen: Das eine ist froh, wenn es die Aufgaben überhaupt lösen kann, ein anderes wird bereits Regelhaftigkeiten erkennen, ein drittes kann diese sogar begründen. Übungsmaterialien sollten Freiraum für didaktische Differenzierung schaffen, die den unterschiedlichen Fähigkeiten der Kinder Rechnung trägt.

Wie ein sinnvolles Angebot aussieht, hängt natürlich davon ab, ob es sich an ein Kind wendet, das nach langen Bemühungen noch immer nicht mit dem Einmaleins zurechtkommt, oder an ein anderes Kind, dem die einfachen Aufgaben keinerlei Schwierigkeiten mehr bereiten und das daher eher Freude daran hat, Aufgaben zum Knobeln zu lösen. (Und es macht auch einen Unterschied, ob die Lehrerin mit 28 Wochenstunden nach Übungen sucht oder Didaktiker theoretische Vorschläge machen.)

Eine Klärung ist zum Stichwort »*Automatisierung*« notwendig. Es gibt sicher Inhalte des Mathematikunterrichts, die so weit geübt werden sollen, daß die Zuordnung von Aufgaben und Ergebnissen – am Ende – ohne weitere Umwege und Hilfen gelingt. Als Standardbeispiele werden hier oft das kleine Einspluseins und Einmaleins genannt. Natürlich soll das Kind die Aufgabe »9+7« irgendwann schnell mit »16« beantworten. Aber daraus folgt keineswegs, daß das Lernen sich auf den Aufbau solcher Reiz-Reaktions-Mechanismen beschränken kann. Im Gegenteil: Schon das Rechnen im Zahlenraum bis 20 verlangt eine Vielzahl von Entdeckungen, die sich auf konkrete Erfahrungen stützen. Wenn diese Stützen dann schließlich entbehrlich werden und das Kind ohne Hilfen zum Ergebnis kommt, dann ist die Automatisierung der letzte Schritt auf dem Wege vom konkreten Handeln über vorstellendes Rechnen zum verständigen Umgang mit Zeichen. Die Verbindung von Einsicht und Üben muß dabei in allen Phasen des Lernprozesses erhalten bleiben.

Wo sind die Quellen der Einsicht?

In einer berühmten Rede über »Grundprobleme des Mathematiklernens« hat Freudenthal die Frage gestellt: »Wie kann man die Quellen der Einsicht beim Üben offenhalten?« (1981, S. 241) Mit dieser Frage ist zweierlei schon beantwortet: Zum einen, daß Üben ohne Einsicht blind bleibt, zum anderen, daß Einsicht nicht vom Himmel fällt, sondern aus Quellen entspringt, die es zu finden gilt.

Die Suche nach diesen Quellen führt sicher zu den Lernmaterialien, die in den vorangegangenen Abschnitten ausführlich beschrieben worden sind. Sie machen Einsichten greifbar und sichtbar und schaffen die Basis für die »Verinnerlichung« arithmetischer Grundideen. Losgelöst vom Material entspringt Einsicht vor allem aus Zusammenhängen zwischen verschiedenen Aufgaben.

Für Übungsmaterialien bedeutet dies, daß sie beide Quellen der Einsicht offenhalten müssen. Der Rückgriff auf Material und bildliche Darstellungen sollte ständig möglich sein, auch nachdem der Akzent sich vom konkreten Handeln auf formales Rechnen verschoben hat. Dies kann insbesondere dadurch gesichert werden, daß Übungsmaterialien enaktive und ikonische Darstellungen einbeziehen. Die so erarbeiteten Zusammenhänge müssen dann auf der formal-symbolischen Ebene in operativen Übungen aufgegriffen werden. Wittmann (1992) hat diese beiden Aspekte prägnant in der Gegenüberstellung »gestütztes – ungestütztes Üben« einerseits, »strukturiertes – unstrukturiertes Üben« andererseits beschrieben. Daraus ergeben sich zwei Forderungen: das Üben stützen, wo immer es nötig ist, und das Üben strukturieren, wo immer es möglich ist!

Das Problem der Selbstkontrolle

Im Zusammenhang mit Übungsmaterialien ergibt sich ein Problem, das von Didaktikern meist übersehen, von den Lehrerinnen dagegen als sehr wesentlich angesehen wird: Wie können die Kinder ihre Ergebnisse selbständig überprüfen? Daß diese Frage kaum theoretisches Interesse erweckt hat, hängt sicher damit zusammen, daß sie mit dem Lernprozeß wenig zu tun hat. Andererseits hat das diejenigen, die Tag für Tag mit dem oft mühsamen Geschäft des Übens konfrontiert sind, nicht davon abgehalten, vielfältige Möglichkeiten zur Selbstkontrolle zu erfinden. Die Vorschläge, die dabei entstanden sind, reichen von der schlichten Vorgabe der Ergebnisse bis zum verzwickten Verstecken der Lösungen in Puzzles, Mustern und Buchstaben. Auf Einzelheiten werden wir in den Beispielen noch eingehen.

Wenn einem Problem soviel Mühe und Phantasie gewidmet wird, dann ist dies ein sicheres Indiz dafür, daß es viele Lehrerinnen bewegt. Der Grund dafür liegt wohl nicht nur darin, daß die Selbstkontrolle der Lehrerin einen Teil ihrer Arbeit abnimmt. Entscheidender ist, daß sie es dem Kind erleichtert, sein Lernen selbst zu organisieren – und dies ist ein wichtiger Schritt zu freier Arbeit und offenem Unterricht!

Kriterien zur Beurteilung von Übungsmaterialien

Angesichts der vielfältigen Funktionen, die Übungsformen erfüllen sollen, ist es kaum möglich, Vorschläge einfach in gute und schlechte einzuteilen. Sinnvoller ist es, sie differenziert nach verschiedenen Kriterien zu beurteilen. Die folgenden Fragen sollen als Hilfe dazu dienen.

- Läßt die Übungsform Spielraum für entdeckendes Lernen?
- Macht sie operative Zusammenhänge zwischen den Aufgaben und Gesetzmäßigkeiten sichtbar?
- Bietet sie Möglichkeiten für innere Differenzierung?
- Können die Kinder selbständig mit ihr arbeiten?
- Erweist sie sich im Unterrichtsalltag als praktikabel?
- Ist sie so anregend und reizvoll, daß Kinder gern auf sie zurückgreifen?
- Gibt sie dem Kind Rückmeldung durch eine sinnvolle Selbstkontrolle?

Bei allen Bemühungen um praktikable Übungsformen sollte nicht verlorengehen, was Bollnow (1987) den »Geist des Übens« genannt hat. Einige Sätze aus seinem berühmten kleinen Buch seien – nicht als Handlungsanweisungen zur Entwicklung von Arbeitsblättern, sondern als Ziel, dem Üben auch im Unterricht vielleicht ein wenig näher kommen kann – zitiert:

> *»Es kommt nicht darauf an, möglichst schnell zu aufweisbaren Erfolgen zu kommen. Die Übung erfordert vielmehr die vollkommene Gelassenheit. Das Entscheidende ist der ›Geist‹, in dem das Üben geschieht und der allein zum vollen Gelingen führt.«*
> *»Wie allgemein die Kunst durch die Heiterkeit bestimmt ist, durch die sie aus dem alltäglichen Leben herausgehoben ist, muß auch das Üben im Geist dieser Heiterkeit erfolgen. Wo diese Heiterkeit fehlt, wo sich das Üben trübsinnig dahinschleppt, kann keine erfolgreiche Übung gedeihen.«* (Bollnow, 1987, S. 116f.)

Beispiele für Materialien zum Üben

Aufgaben mit vorgegebenen Lösungen

Die einfachste Art, Rückmeldungen über die Lösungen zu geben, besteht natürlich darin, die Ergebnisse mehr oder weniger offen mitzuteilen. Diese schlichte Idee hat die Phantasie vieler Autoren beflügelt. Einige Ergebnisse der Bemühungen sollen kurz beschrieben werden.

Kontrollzahlen

Die Lösungen werden gleich bei den Aufgaben angegeben, zunächst abgedeckt und erst nach dem Rechnen aufgedeckt. Das Verfahren könnte die Kinder allerdings dazu verführen, gar nicht erst zu rechnen. Daher findet man diese Idee oft in Verbindung mit irgendwelchen mechanischen Vorrichtungen, etwa der Art, daß die Lösungen erst nach dem Weiterschieben eines Aufgabenstreifens oder dem Öffnen eines Fensters erscheinen. Der entscheidende Nachteil dieser »Lernkontrollen« ist jedoch, daß sie auf schlichte Aufgabenserien (Päckchen) beschränkt sind und so kaum beziehungsreiches Lernen erlauben. Für offenere und problemorientierte Übungsformen eignen sie sich nicht.

Etwas mehr Freiraum ergibt sich, wenn die Lösungen von den Aufgaben getrennt werden. Dies kann dadurch erreicht werden, daß sie auf der Rückseite der Aufgabenkarte oder in einem Lösungsheft erscheinen. So können die Kinder zunächst einmal ungestört die Aufgaben (nicht nur Päckchen) bearbeiten, dann ihre Ergebnisse überprüfen. Eine Variante besteht darin, daß die Ergebnisse gesammelt (etwa der Größe nach geordnet) neben den Aufgaben stehen. Die Kinder rechnen und streichen jeweils das erhaltene Ergebnis durch. Wenn am Ende alle Zahlen gestrichen sind, spricht einiges dafür, daß sie richtig gerechnet haben. Ist dies nicht der Fall, erhalten sie allerdings keinen Hinweis darauf, *wo* der Fehler zu finden ist.

Versteckte Ergebnisse

Technisch aufwendiger ist der folgende Trick, um die Lösungen zu verstecken. Die Ergebnisse stehen zwar direkt bei den Aufgaben, verbergen sich jedoch in einem *Rotraster*. Erst wenn man eine rote Folie darüberlegt, erscheinen sie. Der Vorteil dieser Technik ist, daß sie nicht nur bei einfachen Päckchen, sondern bei vielen anderen Übungsformen (Tabellen, Zahlenmauern, Pfeilbildern) und bei Sachaufgaben brauchbar ist.

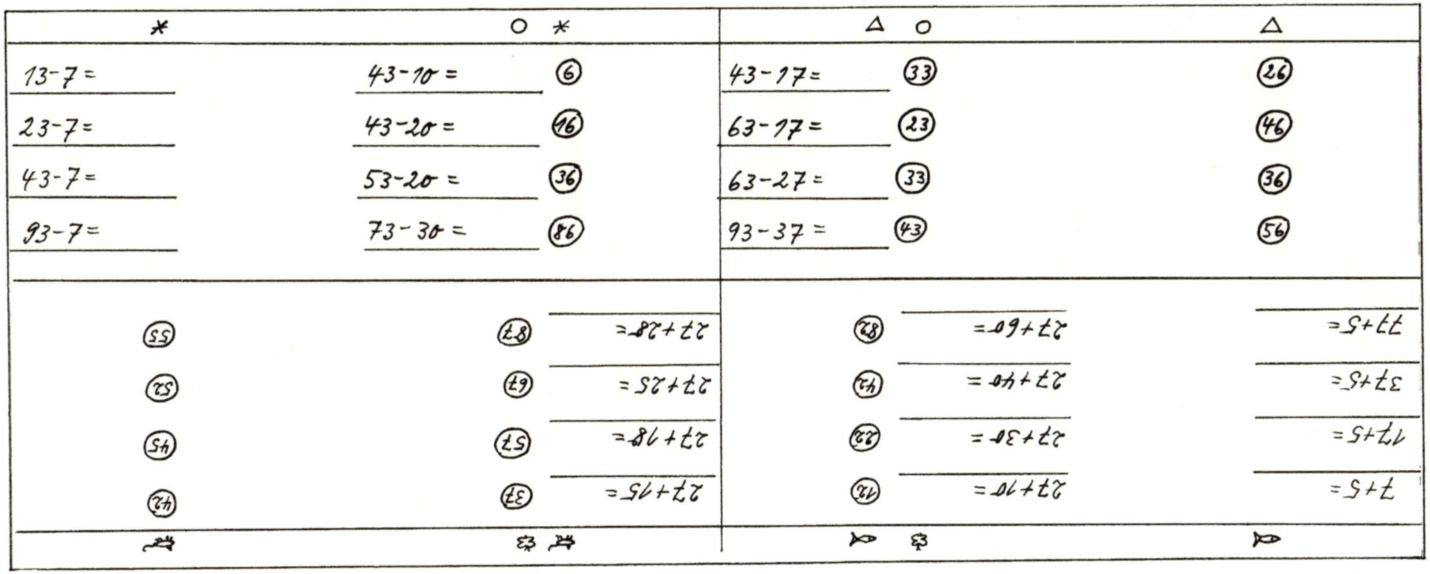

Falte den Streifen dreimal, immer in der Mitte. Dann mache daraus eine Zieh-harmoika

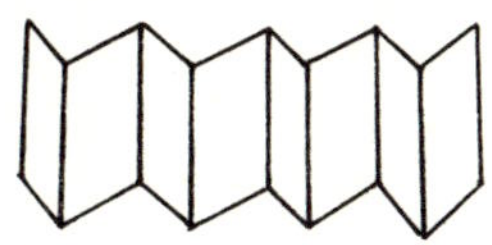

Rechne die Aufgaben. Dann lege gleiche Bilder aneinander.

Abb. 5.1: Faltaufgaben

Faltstreifen

Eine weitere Möglichkeit, die Ergebnisse zu verstecken, erhält man durch geschicktes Falten. Die Abbildung 5.1 zeigt ein Beispiel.

Auf einem Streifen, den man schnell aus einem halben DIN-A4-Blatt herstellt, sind Aufgaben und Ergebnisse so aufgeschrieben, daß sie erst zugeordnet werden, wenn der Streifen, wie in der Vorlage angegeben, gefaltet wird. Kleine Symbole bei Aufgaben und Ergebnissen zeigen an, was zusammengehört. Die Kinder schreiben die Ergebnisse zu den Aufgaben und falten dann das kleine Buch so, daß sie ihre Lösungen mit den vorgegebenen vergleichen können. Mit einer Blankovorlage können die Lehrerin oder die Kinder selbst Faltstreifen herstellen und untereinander austauschen (vgl. *Die Welt der Zahl*, Lehrerband 2). Wenn die Ergebnisse mit Bleistift eingetragen werden, sind die Streifen auch mehrfach verwendbar. Die Aufgabenserien sollten natürlich so gestaltet werden, daß Rechenwege und Beziehungen einsichtig werden.

Schiebetafel

Auch bei den beiden folgenden Vorschlägen steht die Frage im Mittelpunkt, wie die Zuordnung von Aufgaben und Ergebnissen so gestaltet werden kann, daß Spielraum für bewegliches Rechnen geschaffen wird.

Die *Schiebetafel* ist ein Versuch, Selbstkontrolle mit beziehungsreichem Üben zu verbinden. Das System ist einfach: Aufgaben und Ergebnisse sind auf den Arbeitskarten vorgegeben. Die Ergebnisse werden zu Beginn mit (Wende-)Plättchen verdeckt. Schiebt man das Plättchen nach links, wird das Ergebnis sichtbar.

Technischer Hinweis

Eine handliche Schiebetafel erhält man, wenn man die »Fenster« aus dünnem Karton ausschneidet. Unter diese Schablone können dann beliebige Aufgabenblätter gelegt werden, die durch entsprechende farbige Kennzeichnung den verschiedenen Schuljahren und Themenbereichen zugeordnet werden. Jedes Blatt enthält Hinweise zur Bearbeitung: Reihenfolge der Aufgaben, Einzel-/Partnerarbeit, Übertragung ins Rechenheft (Abb. 5.2, S. 111).
Entscheidend für die Möglichkeiten des flexiblen Einsatzes des Materials ist eine geeignete *»Software«*. Die Aufgaben müssen so strukturiert sein, daß die Kinder Zusammenhänge erkennen können und so Hilfen für das Lernen erhalten. Die Strukturierung kann in vielfältiger Weise erfolgen:

- Je zwei (oder drei) Aufgaben haben *dasselbe Ergebnis*. Ein Kind deckt ein Ergebnis auf, das andere sucht die Partneraufgabe.
  In die Aufgaben können verschiedene Gesetzmäßigkeiten (etwa Konstanz der Summe oder Differenz) eingearbeitet werden.

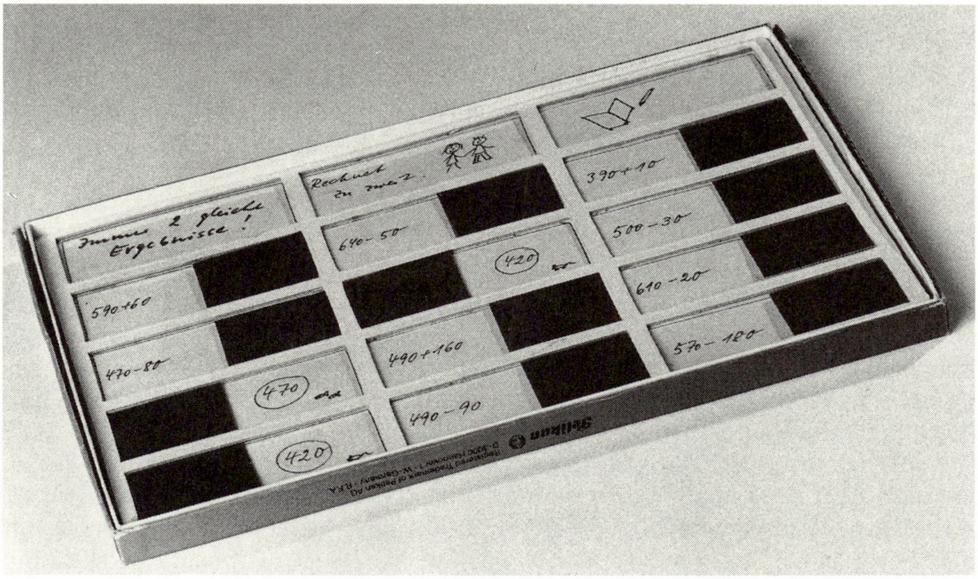

Abb. 5.2: Schiebetafel (Beispiel einer Arbeitskarte)

- Zu jeder Aufgabe gibt es eine *Umkehraufgabe*.
  Nach dem Öffnen der Fenster erscheinen bei zusammengehörenden Aufgaben dieselben Symbole (kleine Mäuse, Frösche, Sterne ...).
- Die Ergebnisse sind aufeinanderfolgende Zahlen. Zunächst wird das kleinste Ergebnis gesucht, dann das nächstgrößere usw.
- Domino: Jede Aufgabe beginnt mit dem Ergebnis der vorhergehenden.
- Zu jeder Aufgabe gibt es eine verwandte Aufgabe: Die Rückmeldung kann wieder mit Hilfe von Symbolen erfolgen.
- In die Aufgaben werden *Rechenwege* eingearbeitet.
- Endlich können viele Aufgaben auch bildlich dargestellt werden, z.B. bei Zuordnungen von Zahlbildern und Zifferndarstellungen.
  Dies kann wieder mit den unterschiedlichen Aufgabentypen verbunden werden.

Insgesamt erhält man ein Übungsangebot, das deutlich über schlichte Päckchen hinausgeht. Dies gilt insbesondere, wenn unterschiedliche Arbeitsformen gefördert werden.

- Einzelarbeit: Das Kind rechnet die Aufgaben im Kopf und öffnet jeweils ein Fenster. Bei falschen Lösungen wird das Ergebnis wieder zugedeckt, die Aufgabe kommt später noch einmal an die Reihe.
- Die Kinder können die Aufgaben auch zunächst im Heft bearbeiten und anschließend ihre Ergebnisse überprüfen.
- In vielen Fällen können die Aufgaben auch mehrmals in unterschiedlicher Reihenfolge bearbeitet werden. Beispiel: Rechne die Aufgaben der Achterreihe vorwärts, rückwärts, in beliebiger Reihenfolge. Beginne mit einfachen Aufgaben, dann suche Nachbaraufgaben. Decke die Aufgaben zu und suche die Aufgaben zu den Ergebnissen.

- Besonders geeignet ist die Schiebetafel für *Partnerarbeit.* Ein Kind zeigt eine Aufgabe, das andere nennt das Ergebnis. Dann wird gemeinsam überprüft. Weiter gehende Möglichkeiten ergeben sich bei Aufgabenkarten, auf denen je zwei Aufgaben dasselbe Ergebnis haben oder andere Paarbildungen eingebaut sind (Nachbaraufgaben, Umkehraufgaben, Analogieaufgaben).

Folienkarten

Noch schwieriger wird eine sinnvolle Selbstkontrolle in Verbindung mit der schriftlichen Bearbeitung von Aufgaben. Insbesondere sind solche Techniken von zweifelhaftem Wert, die eine starre Vorgabe der Aufgaben (in der Regel als Päckchen) erzwingen. Der folgende Vorschlag ist aus dem Bemühen heraus entstanden, diese Einengung zu überwinden.

Die technische Idee: Die Aufgabenkarten werden unter eine Klarsichtfolie gelegt, die mit einem trocken abwischbaren Stift beschrieben wird. Notfalls sind auch wasserlösliche Folienschreiber zu gebrauchen. Die Kinder schreiben die Ergebnisse auf die Folie. Auf der Rückseite der Karte finden sie dieselben Aufgaben, zusätzlich sind die Lösungen in Rot eingetragen. Wird nun diese Rückseite unter die Folie gelegt, erscheinen neben oder unter den Ergebnissen der Kinder die richtigen Antworten (Abb. 5.3, S. 113).

Diese Technik ist keineswegs auf Rechenpäckchen beschränkt, sondern kann für (fast) alle Übungsformen verwendet werden: Tabellen, Zahlenmauern, Zauberquadrate, Pfeilbilder u.v.a. Dadurch bietet sich die Möglichkeit, die Aufgaben einfallsreich und strukturiert zu gestalten, ohne durch die Kontrolltechnik eingeschränkt zu sein.

Ein wesentlicher Vorteil ist zudem, daß wichtige Veranschaulichungen wie Zahlenfelder und der Zahlenstrahl durchgehend einbezogen werden können. Alle Einsatzmöglichkeiten, die in früheren Abschnitten für diese Materialien aufgezeigt worden sind, lassen sich als Stützen für das Lernen nutzen.

Nicht zuletzt ist es wichtig, daß die Aufgabenkarten als Kopiervorlagen verwendet werden können. Die Lösungsseite dient in diesem Fall als Kontrollblatt. Natürlich können die Kinder die Aufgaben auch zunächst ins Heft übertragen und dann die Ergebnisse überprüfen. Für Kopfrechenübungen kann man gleich auf die Lösungsseite zurückgreifen. Die Ergebnisse werden durch Plättchen oder schmale Papierstreifen abgedeckt und nach dem Rechnen aufgedeckt.

Aufgabenkarten

Die Idee ist sehr einfach: Auf kleine Kärtchen werden die Aufgaben geschrieben – und irgendwo findet man die zugehörige Lösung. Bei manchen Karten steht die Lösung auf der Rückseite, bei anderen am unteren Rand, der zunächst etwa in einer Setzleiste versteckt ist und erst nach der Bearbeitung zum Vorschein kommt. Aufgaben und Lösungen können auch auf verschiedenen Karten stehen, aus denen dann Paare gebildet werden. Die richtige Lösung ist in manchen Vorschlägen mechanisch

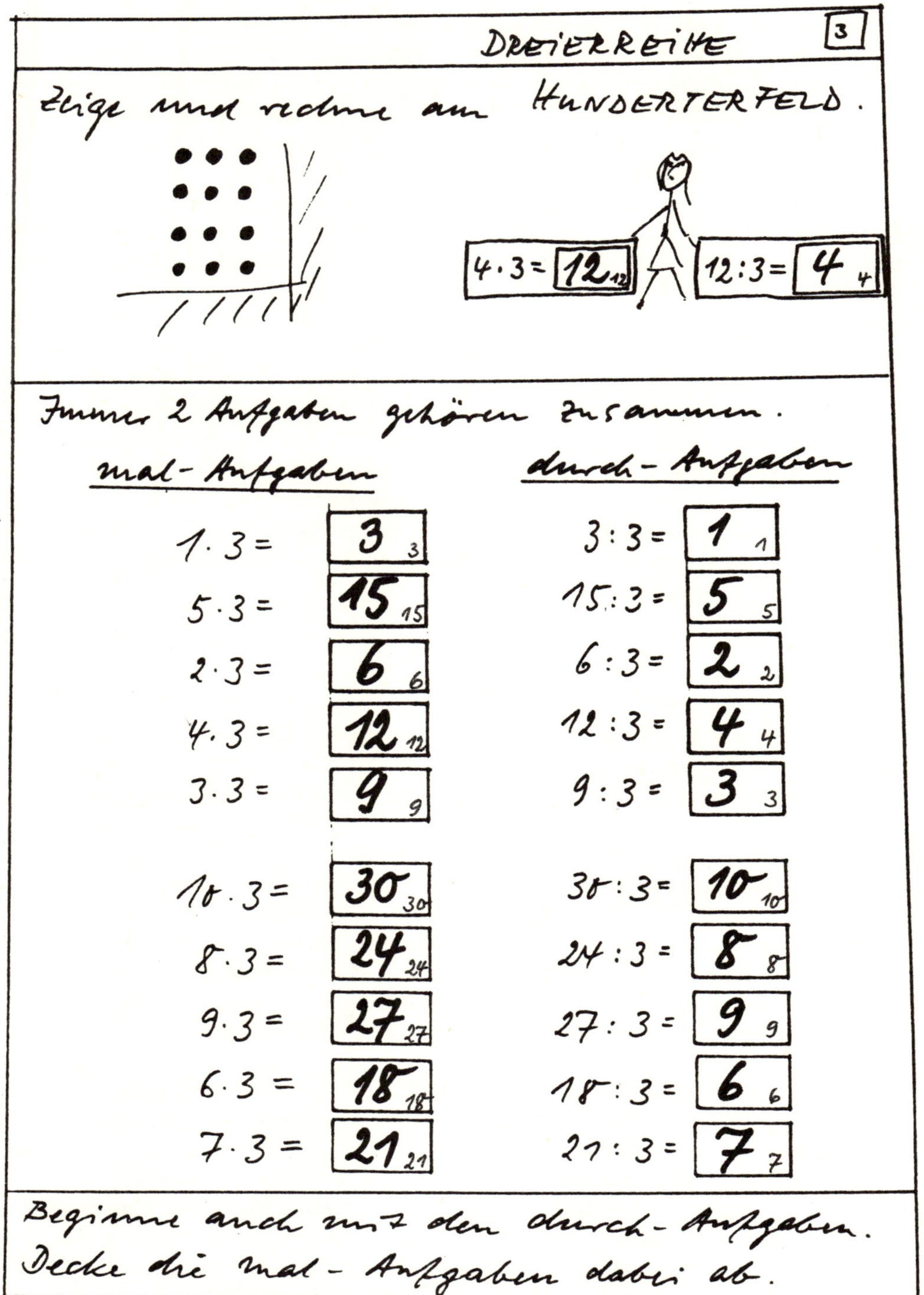

Abb. 5.3: Beispiel einer Folienkarte

oder visuell zu erkennen. Beispielsweise kann man die Kärtchen als Puzzlestücke gestalten oder mit farblichen Anschlüssen versehen, die nur bei richtiger Lösung aneinanderpassen. Ein technisch aufwendigeres Prinzip der Zuordnung wird bei einigen im Spielwarenhandel vertriebenen Rechenspielen verwendet: Die Aufgabenkarten sind auf der Rückseite mit kleinen Zapfen versehen, die Lösungsfelder mit Löchern an den entsprechenden Stellen. Ein falsches Ergebnis paßt nicht!

Aufgabenkarten sind natürlich nicht geeignet, um Vorstellungen von Zahlen und Rechenoperationen aufzubauen, wohl aber können sie in einer späteren Übungsphase sinnvoll eingesetzt werden. Sie bieten vor allem die Möglichkeit, einzelne Aufgaben und Aufgabenserien ohne großen Aufwand mehrmals zu rechnen. Die Kinder legen jeweils die Aufgaben heraus, mit denen sie noch Schwierigkeiten haben, und rechnen sie später noch einmal. Dabei können sie geeignete Lernmaterialien heranziehen und so die Rechnungen mit konkretem Material nachvollziehen. Wichtig ist auch, die Kartenserien so zu gestalten, daß die Kinder selbst den angemessenen Schwierigkeitsgrad auswählen und ihren Fähigkeiten entsprechend voranschreiten können. Ein grundlegender Nachteil dieses Materials allerdings ist, daß es wenig Einsicht in *Zusammenhänge* zwischen verschiedenen Aufgaben schafft. Dies ist nur durch die gezielte Auswahl und die Zuordnung von Karten möglich, durch die der Blick auf verwandte Aufgaben, Umkehraufgaben, Nachbaraufgaben gelenkt wird.

Rechenblumen

Etwas ausführlicher soll eine Weiterentwicklung der Aufgabenkarten beschrieben werden, die vielfältige Einsatzmöglichkeiten bietet. Die Grundidee besteht darin, daß jede Karte mit einer unverwechselbaren Markierung versehen wird, mit deren Hilfe die Ergebnisse überprüft werden können. Zugleich aber soll die Kennzeichnung nicht so dominant sein, daß die Kinder sich nur noch an ihr orientieren, statt zu rechnen. Sehr vorteilhaft ist es, die Codierung ziffernweise vorzunehmen, da dadurch das Prinzip auf beliebige Zahlen zu übertragen ist. Diese Vorgaben lassen sich folgendermaßen erfüllen. Auf jeder Aufgabenkarte sind für jede Ziffer des Ergebnisses zwei kleine Markierungen angebracht (Blümchen, Halbkreise, Zacken), die genau zu den entsprechenden Markierungen der Ergebnisse passen. Diese Technik läßt einen breiten Spielraum für die Überprüfung der Lösungen. Einige Stichworte:

- Das Ergebnis wird mit Ziffernplättchen gelegt, auf denen sich beispielsweise die zu den Blüten passenden Stiele befinden. Bei richtiger Lösung erhält man vier schöne Blümchen. Ist die Rechnung an einer Stelle falsch, zeigt sich dies sofort daran, daß mindestens eine Blüte keinen Stiel hat (Abb. 5.4, S. 115).
- Besonders wichtig ist, daß diese Karten sich mit anderen Materialien kombinieren lassen und so weitgehende Lernmöglichkeiten eröffnen. Für den Zahlenraum bis 100 bietet sich insbesondere die Verbindung mit der Hundertertafel an. Jedes Feld der Tafel, in der Größe passend zu Karten, wird am unteren Rand mit den Stielen versehen (Abb. 5.5, S. 115). So können die Kinder sich beim Rechnen auf die Hundertertafel stützen und ihre Ergebnisse dort überprüfen. Zuerst wird schrittweise

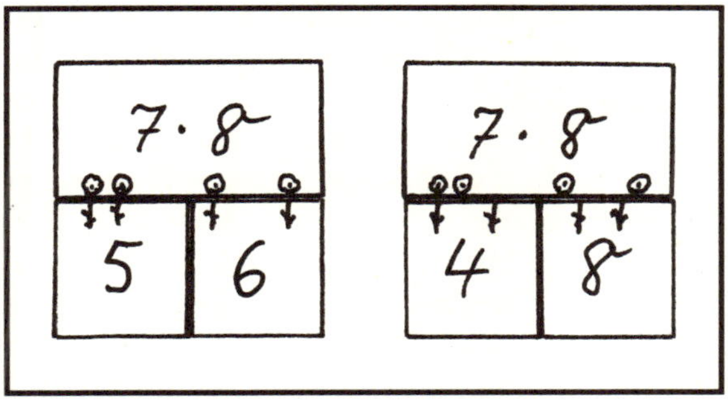

Abb.5.4 : Rechenblumen: Nur die richtige Lösung paßt!

im Feld gerechnet, dann die Karte auf das Ergebnis gelegt. Dort geben die Blümchen Rückmeldung. So eingesetzt, steht nicht die Kontrolle im Vordergrund, sondern das einsichtige Rechnen.

- Insbesondere bei größeren Zahlen können die Karten auch mit den früher bereits beschriebenen Stellenschiebern und Rechenrädern eingesetzt werden. Die Stiele befinden sich auf den Ziffernfeldern, die Blüten auf den Aufgabenkarten. Legt man das Aufgabenkärtchen auf das eingestellte Ergebnis, ist die Rechnung wiederum leicht zu überprüfen.
- Endlich läßt sich die Kontrolltechnik auch in normale Arbeitsblätter einarbeiten. Unter jede Aufgabe sind die Blüten gemalt. Die Kinder rechnen die Aufgabe und überprüfen das Ergebnis mit Hilfe der Ziffernplättchen, wenn sie unsicher sind.

Abb. 5.5: Neunerreihe auf der Hundertertafel

Die verschiedenen Formen der Arbeit mit den Karten schaffen Spielraum für didaktische Differenzierung. Am Beispiel des Einmaleins soll dies erläutert werden. Die Kinder können den Aufgabenkarten der Neunerreihe Karten mit entsprechenden Bildern (Punktfelder, Rechenstäbe u.a.) zuordnen. Auf der Hundertertafel finden sie die Zahlen der Neunerreihe in den Feldern wieder, die auf einer Diagonalen liegen. In Einzel- oder Partnerarbeit lösen sie die Aufgaben in unterschiedlicher Reihenfolge, vorwärts, rückwärts oder beliebig. Mit den Ziffernkärtchen legen sie die Neunerreihe und sehen so Aufgaben und Ergebnisse vor sich. Wieder gibt es verschiedene Übungsmöglichkeiten, bei denen auch Beziehungen zwischen den Aufgaben deutlich werden (Nachbaraufgaben, Stützaufgaben, Verdoppeln). Auf diese Weise helfen die Karten bei der operativen Erarbeitung des Einmaleins. Die Kinder können überprüfen, welche Aufgaben sie schon können, welche ihnen noch nicht vertraut sind, und so ihre Lernfortschritte selbst beurteilen. Durchgehend können sie dabei natürlich auch auf konkretes Material zurückgreifen, wenn sie Hilfen brauchen.

Ein wesentlicher Vorteil der Aufgabenkarten besteht darin, daß die Kinder nicht erst eine ganze Aufgabenserie bearbeiten müssen, um dann etwa ein entstehendes Muster überprüfen zu können. Sie erhalten bei jeder Aufgabe Rückmeldung über die richtige Lösung und können bei einem falschen Ergebnis noch einmal über die Aufgabe nachdenken.

Dominos

Eine Variante der Aufgabenkarten sind die verbreiteten *Rechendominos*, bei denen auf einer Karte jeweils eine Aufgabe und das Ergebnis einer *anderen* Aufgabe stehen. Legt man die Karten aneinander, entstehen Schlangen, bei denen die Aufgabe am Ende wieder zum Ergebnis am Anfang der Schlange paßt (Abb. 5.6, S. 119).

Auch Dominos setzen bereits Rechenfähigkeit voraus. *Warum* 48+27 gerade 75 ist und *wie* man zu diesem Ergebnis kommt, verraten sie nicht. Zwar kann man in die Karten auch bildliche Darstellungen aufnehmen, aber der Schwerpunkt liegt doch eindeutig auf formalem Rechnen. Daher ist ein zu früher und übermäßiger Einsatz dieses Materials sicher nicht sinnvoll. Auf der anderen Seite ergeben sich beim Spiel mit einem Partner oder in einer kleinen Gruppe durchaus Chancen zum gemeinsamen Lernen. Die Kinder helfen sich gegenseitig und sprechen über die Ergebnisse. Wenn ein Kind die 72 an die Aufgabe $8 \cdot 8$ legt, werden die Partner dies sicher nicht akzeptieren. Sie werden erklären, daß $8 \cdot 8=64$ ist oder daß die 72 an $8 \cdot 9$ passen würde – und dabei lernen durchaus alle etwas! Am Ende wird die Schlange gemeinsam zusammengebaut. Wer gewonnen hat, spielt kaum eine Rolle.

Bei der Entwicklung von Dominos ist es günstig, kleine Serien mit etwa 12 bis 15 Karten herzustellen. So dauert ein Spiel nicht zu lange und kann mehrmals wiederholt werden. Die Serien sollten zunächst jeweils Aufgaben von gleichem Schwierigkeitsgrad enthalten. Auf diese Weise haben die Kinder die Möglichkeit, sich solche Spiele auszusuchen, die ihrer Rechenfähigkeit angemessen sind.

Sehr hilfreich sind auch bei den Rechendominos Anschlüsse, die eine einfache Selbstkontrolle bieten. Die Kinder erhalten so unmittelbare Rückmeldung bei Fehlern. Dies ist insbesondere bei der Einzelarbeit eine große Hilfe.

Abb. 5.6: Kinder beim Domino

Einige technische Hinweise

Die Karten (8 cm × 4 cm) sind am einfachsten mit einer Schneidemaschine herzustellen, möglichst aus dünnem Karton in unterschiedlichen Farben. Für jede Aufgabe bzw. jedes Ergebnis steht so ein Quadrat mit einer Seitenlänge von 4 cm zur Verfügung. Eine Seite wird nun mit Markierungen im Abstand von 5 mm versehen.

Wählt man aus diesen Positionen je zwei aus, erhält man 21 mögliche Paare. Für eine Serie von 15 Karten braucht man die unmittelbar benachbarten Stellen nicht. Auf diese Weise hat man Anschlüsse, die alle voneinander verschieden sind und die kreativ ausgestaltet werden können. Geometrische Muster wie Kreise, Quadrate, Sterne eignen sich ebenso wie kleine Mäuse, Schmetterlinge, Fische, Käfer. (Das ist auch für künstlerisch nur mittelmäßig Begabte gar nicht so schwer.) In der Klasse können so nach und nach reizvolle Dominos entstehen: Mäusespiele, Käferspiele, Schmetterlingsspiele ...

Auch bei den Spielregeln gibt es noch Freiraum für unterschiedliche Varianten.

- Die Karten werden gleichmäßig verteilt. Ein Mitspieler legt eine Karte aus. Reihum prüft nun jeder, ob er eine Karte hat, die links oder rechts angelegt werden kann.

  Diese Regel ist für Kinder am Anfang ziemlich anspruchsvoll, da sich die Aufgaben und Ergebnisse ständig ändern und die Kinder jeweils ihre Karten nach passenden Fortsetzungen durchsuchen müssen.
- Einfacher wird es, wenn man an einer Tischkarte beginnt und so die Schlange nur an einer Seite weiterbauen kann.
- Überschaubarer wird das Spiel mit dieser Regel: Jedes Kind erhält zu Beginn eine Karte, die anderen Karten liegen verdeckt als Stock. Daraus wird jeweils eine Kar-

te gezogen. Bei wem paßt sie? Wenn keiner sie gebrauchen kann, wird sie in den Stock zurückgelegt und die nächste Karte aufgedeckt. Wer hat am Ende die längste Reihe?
Damit das Spiel nicht zu schnell ins Stocken gerät, ist eine zusätzliche Vereinbarung empfehlenswert. Wer zu Beginn schon bei einem Mitspieler eine Karte entdeckt, die an seine eigene paßt, darf sie sich nehmen. Der andere erhält dafür Ersatz aus dem Stock.

Rechnen mit Farben und Buchstaben

Malen nach Zahlen

Verbreitete Formen der Selbstkontrolle beruhen auf der Übersetzung der Ergebnisse in Farben oder Buchstaben. Die Idee ist einfach: Jedem Ergebnis wird entweder eine Farbe, mit der dann ein Teil einer Figur gefärbt wird, oder ein Buchstabe zugeordnet, der Teil eines Lösungswortes ist.

Beim *Malen nach Zahlen* entstehen so die berüchtigten »bunten Hunde«, wenn unstrukturierte Aufgaben vorgegeben und entsprechend den Ergebnissen irgendwelche Bilder wahllos gefärbt werden. Auf diese Weise ergeben sich zweifellos keine Chancen für einsichtiges Lernen. Die Übersetzung in Bilder bringt keinen nennenswerten Fortschritt gegenüber schlichten Päckchen, und die Motivation läßt auch nach einigen Übungen dieser Art bei vielen Kindern schnell nach. Zudem wird der größte Teil der Zeit mit Malen verbracht, das Rechnen spielt nur eine Nebenrolle.

Die erwähnten Schwächen zeigen aber auch die Ansatzpunkte für sinnvolle Weiterentwicklungen. Zum einen lassen sich die Aufgaben so strukturieren, daß Beziehungen zwischen ihnen deutlich werden. Zum anderen kann man die Bilder in der Weise gestalten, daß sie überschaubarer sind und eine bessere Rückmeldung geben (Abb. 5.7, S. 119, vgl. Floer 1988a).

Beispiele:

- Vorgegeben sind mehrere Figuren (Fische, Enten, Blumen ...) mit jeweils nur wenigen zu färbenden Feldern. Im einfachsten Fall gehört zu jeder Figur ein kleines Päckchen mit Aufgaben. Die Zuordnung kann aber auch anspruchsvoller eingearbeitet werden. Werden die Bilder nun den Lösungen entsprechend ausgemalt, sehen je zwei Figuren gleich aus. Die Ausgestaltung hat einige Vorteile. Die Kinder können über die entstehenden Bilder sprechen, sie leicht vergleichen und herausfinden, wo sich ein Fehler eingeschlichen hat.
- Als Malvorlagen werden geometrische Muster gewählt. Nach dem Ausmalen ergeben sich symmetrische Figuren. Auf diese Weise wird das Rechnen mit Aktivitäten verbunden, die selbst bereits einen eigenen Wert haben. Zudem hilft die Symmetrie, Fehler zu finden und zu korrigieren.
  Später können die Kinder auch zunächst selbst mit dem Geodreieck und dem Zirkel ins Heft zeichnen und dann ausmalen. Eine Variante dieser »Geometrie mit

Rechne an der Zahlenkette. Die Farben findest du bei den Ergebnissen.

Aufgaben mit der 9

9 + 7 = □	9 + □ = 10
9 + 8 = □	9 + □ = 12
9 + 6 = □	9 + □ = 13
9 + 10 = □	9 + □ = 16
17 − 9 = □	11 − 9 = □
18 − 9 = □	5 + 9 = □
19 − 9 = □	9 + 4 = □
20 − 9 = □	14 − 9 = □

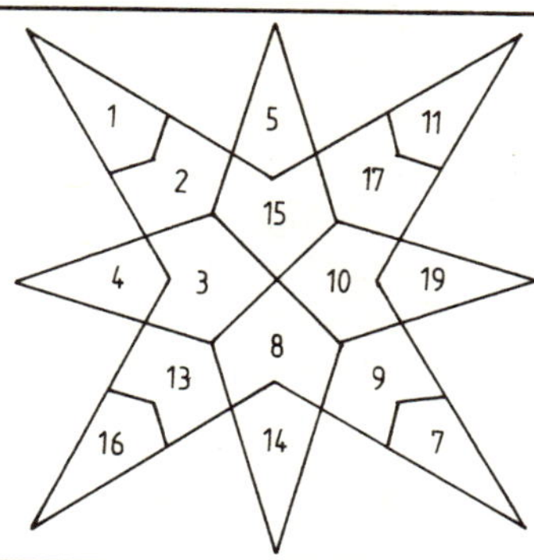

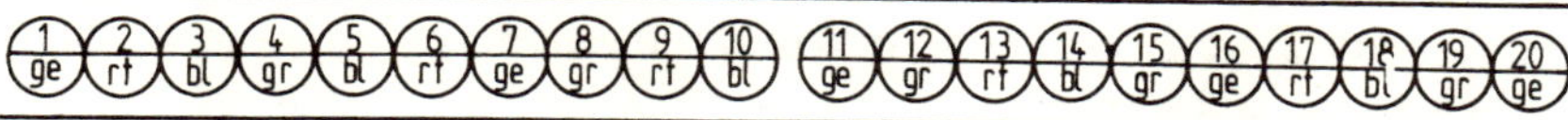

Bilde mit den Zahlen in den Enten plus-Aufgaben. Die drei Zahlen einer Aufgabe erhalten immer dieselbe Farbe.

76 + □ = □ rt	85 + □ = □ gr	39 + □ = □ ge
45 + □ = □ rt	64 + □ = □ gr	59 + □ = □ ge

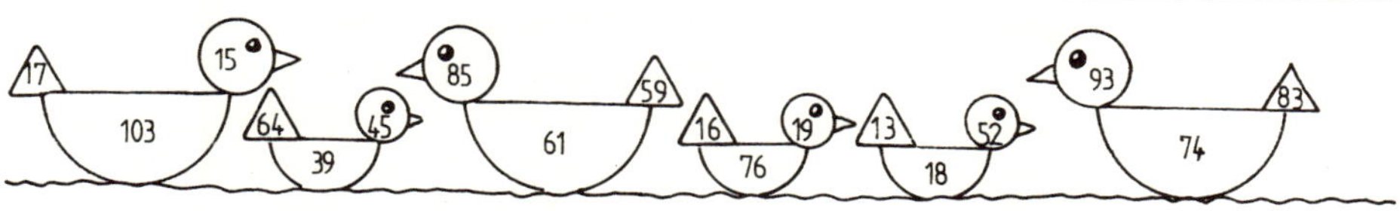

Findest du zu jeder Entenmutter ein Kind?

Lege mit Dreiecken.

4 · 7 = □ rt	9 · 7 = □ ge	3 · 7 = □ rt
8 · 7 = □ ge	2 · 7 = □ rt	1 · 7 = □ ge
5 · 7 = □ ge	10 · 7 = □ rt	7 · 7 = □ rt
		6 · 7 = □ ge

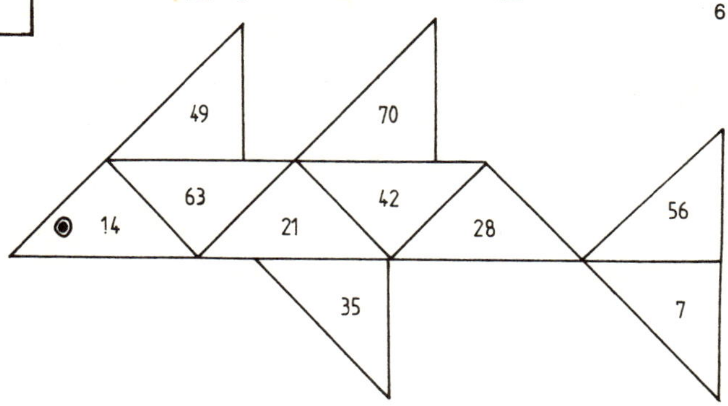

Abb. 5.7: Malen und Legen nach Zahlen (aus: Floer, 1988a)

Zahlen« für jüngere Kinder besteht darin, daß die Figuren nicht gezeichnet und ausgemalt, sondern mit Formenplättchen gelegt werden.

Insgesamt ergeben sich durchaus reichhaltigere und sinnvollere Möglichkeiten zur Ausgestaltung dieser Übungsform, als die »bunten Hunde« vermuten lassen. Dennoch sollte sie nur in Maßen eingesetzt werden. Dicke Mappen von Bildvorlagen zu kopieren und von den Kinder bearbeiten zu lassen, ist sicher nicht besonders empfehlenswert, vor allem sollte es nicht als Beitrag zur Öffnung des Unterrichts und als Schritt zu freier Arbeit mißverstanden werden.

Rechnen mit Buchstaben und Wörtern

Eine andere verbreitete Form der Selbstkontrolle ergibt sich, wenn man den Ergebnissen nicht Farben, sondern Buchstaben zuordnet. Im einfachsten Fall gibt es einen Schlüssel, der zu jeder Zahl einen Buchstaben liefert. In der Reihenfolge der Aufgaben gelesen, erhält man so Lösungswörter. Die Zuordnung kann auch mit Hilfe eines Zahlenstrahls erfolgen, an dem die zu den Zahlen gehörenden Buchstaben als kleine Fähnchen angebracht sind. Wenn man die Lösungswörter zudem in reizvolle Texte einbettet, ergibt sich eine Übungsform, die auch eine kleine Brücke zwischen dem Mathematik- und dem Sprachunterricht schlägt.

Bei einer etwas anspruchsvolleren Variante des Rechnens mit Buchstaben wird die Reihenfolge der Buchstaben noch nicht vorgegeben, sondern muß von den Kindern gefunden werden. Dies kann dadurch geschehen, daß die Ergebnisse zunächst der Größe nach geordnet werden. Aus den zugeordneten Buchstaben entstehen so die gesuchten Wörter. Ein Beispiel zeigt Abbildung 5.8 (S. 121).

Auch für diese Übungsform gilt allerdings, daß sie ihren Reiz verliert, wenn sie zu oft eingesetzt wird.

Übungen zum Rechnen und Entdecken

Entdeckendes Lernen sollte den Umgang mit Zahlen durchgehend bestimmen. Die Überschrift ist daher nicht so zu verstehen, daß Entdecken nur ausgewählten Übungen vorbehalten ist. Vielmehr sollen in diesem Abschnitt einige Beispiele gesammelt werden, in denen der offene und spielerische Umgang mit Zahlen im Mittelpunkt steht. Rechenfähigkeit wird dabei bereits vorausgesetzt.

Solche Übungsformen sind aus mehreren Gründen wichtig. Zum einen zeigen sie, daß sich Rechnen nicht im Bearbeiten vorgegebener Aufgaben erschöpft. Zum anderen kommen in ihnen allgemeine Lernziele – begründen, kreativ sein, mathematisieren – in besonderem Maße zum Tragen.

Im Rahmen eines offenen Unterrichts sind diese Übungsformen vor allem deshalb bedeutsam, weil sie hervorragende Möglichkeiten zur Differenzierung eröffnen: Allen Kindern bieten sie Übungsmöglichkeiten. Für manche Kinder sind sie nur ein Angebot an strukturierten Aufgaben, andere können beim Rechnen bereits Regelhaftigkeiten entdecken, einige endlich sind vielleicht schon in der Lage, diese Gesetzmäßigkeiten zu begründen und selbst weitere Beispiele zu erfinden.

WÖRTER aus ZAHLEN

Ordne die Ergebnisse in jedem Päckchen der Größe nach.
Beginne mit der kleinsten Zahl. Dann kannst du die Wörter lesen.

Wer kennt die Geschichte von

Pippi _ _ _ _ _ _ _ _ _ _ _ ?

100–79=	__	G
100–50=	__	U
100–16=	__	F
100–99=	__	L
100–51=	__	R
100–36=	__	P
100–93=	__	A
100–69=	__	S
100–49=	__	M
100–61=	__	T
100–85=	__	N

Die schwedische Schriftstellerin Astrid

_ _ _ _ _ _ _ _

hat sie geschrieben.

97–77=	__	I
56–21=	__	G
60–19=	__	E
62–23=	__	R
34–15=	__	L
44–22=	__	N
60–31=	__	D
82–34=	__	N

Pippi wohnt in der Villa

_ _ _ _ _ _ _ _ _ _ .

50– 9=	__	N
50– 5=	__	T
80– 8=	__	B
80– 2=	__	U
30– 7=	__	K
30– 3=	__	U
60– 6=	__	E
60– 1=	__	R
100–10=	__	N
100– 9=	__	T

Die Freunde von Pippi sind

_ _ _ _ _

und

_ _ _ _ _ _ .

96–30=	__	K
82–70=	__	O
88–30=	__	N
62–30=	__	M
89–20=	__	A
94–70=	__	M
64–60=	__	T
89–40=	__	A
73–10=	__	I
51–10=	__	Y
73–20=	__	N

Außerdem hat Pippi noch einen Affen. Der heißt

_ _ _ _   _ _ _ _ _ _ _ .

72–4=	__	L
15–9=	__	H
91–3=	__	N
78–9=	__	S
66–8=	__	I
36–7=	__	R
51–6=	__	N
83–5=	__	O
42–5=	__	R
25–9=	__	E

Weißt du noch mehr von Pippi? Astrid LINDGREN hat noch viele andere tolle Bücher für Kinder geschrieben. Hast du schon eins davon gelesen?

Abb.5.8: Buchstabenrätsel: »Pippi Langstrumpf«

Für den Einsatz im Unterricht ist es günstig, wenn eine Sammlung von Aufgabenkarten mit dem notwendigen Zusatzmaterial vorhanden ist, auf die die Kinder ständig zurückgreifen können. Für Übungsformen dieser Art gibt es eine Fülle von Vorschlägen (vgl. etwa Floer, 1985; Wittmann/Müller, 1990, 1992). In den folgenden Stichworten sollen nur einige Beispiele angesprochen werden – ohne Anspruch auf Vollständigkeit.

Zahlenmauern

Diese Übungsform findet man in vielen Schulbüchern und didaktischen Veröffentlichungen. Die Bauvorschrift für die Mauern ist einfach: Auf jedem »Stein« steht die Summe der beiden Nachbarsteine, die unter ihm liegen. Wenn die Mauer von unten nach oben gebaut wird, ist es nur eine einfache Additionsübung, die mit kleinen Zahlen bereits in den ersten Schuljahren möglich ist. Schwieriger wird es, wenn Lücken in der Mauer aufgefüllt werden müssen.

Abb. 5.9: Kinder mit einer Mauer aus Zahlenkärtchen

Beispiel: Eine Mauer wird mit Zahlenkärtchen gelegt. (Abb. 5.9) Dann werden einige Karten umgedreht. Wer weiß, welche Zahlen darauf stehen? Um die Zahlen zu finden, müssen die Kinder addieren und subtrahieren und Beziehungen zwischen den Operationen nutzen.

Von diesen ersten Versuchen kommt man schnell zu weiteren Fragen:

- Die vier Zahlen im Erdgeschoß werden vertauscht. Was passiert? Welches ist die größte (die kleinste) Zahl, die an der Spitze stehen kann?

- Was ändert sich, wenn eine Zahl im Erdgeschoß um 1 größer wird? Wenn alle Zahlen um 1 (um 2) größer werden?
- Die Zahlen unten werden verdoppelt. Wird auch die Zahl an der Spitze doppelt so groß?
- Ganz oben steht die 100. Welche Zahlen können das Erdgeschoß bilden? Gibt es auch eine Lösung mit vier aufeinanderfolgenden Zahlen?
- Bei manchen Mauern mit Lücken gibt es überhaupt keine Lösung. Warum wohl?

Solche Variationen erlauben es nicht nur, die Übungsform für verschiedene Zahlenräume zu nutzen, sondern vor allem auf unterschiedlichen Anspruchsniveaus über Zahlen nachzudenken.

Zauberquadrate

Zauberquadrate und andere Zauberfiguren sind seit langem sowohl in der Unterhaltungsmathematik wie in didaktischen Vorschlägen bekannt. Sie sind in der Tat mathematisch und didaktisch zauberhaft und ein schönes Beispiel für die vielfältigen Fragestellungen, die sich im Unterricht bei der Beschäftigung mit denselben Aufgaben ergeben.

- Der einfachste Fall: Die Zahlen von 1 bis 9 sind (auf Kärtchen) vorgegeben. Kann man daraus ein Quadrat so legen, daß sich auf jeder Linie dieselbe Summe ergibt? Schon hier gibt es vieles zu entdecken: Nur die 5 kann in der Mitte stehen. Alle Zauberquadrate, die sich ergeben, sind eng verwandt, sie lassen sich durch Drehen und Spiegeln ineinander überführen.
- Was passiert, wenn in diesem Zauberquadrat jede Zahl um 1 (um 2, um 5 ...) vergrößert wird? Wenn man jede Zahl verdoppelt (verzehnfacht)? Wieder ergeben sich Zauberquadrate.
- Zwei Zauberquadrate werden Feld für Feld addiert. Auch so entstehen neue Zauberquadrate.
- Einige Fragen für Fortgeschrittene: Wie erzeugt man ein Zauberquadrat mit der Summe 30 (60, 63)? Warum klappt es mit der Summe 50 nicht? Warum ist die Summe in einer Reihe immer das Dreifache der Zahl in der Mitte?

Die Kinder werden bei der Beschäftigung mit den Zauberquadraten unterschiedlich weit kommen. Gerade dadurch eröffnen sich Chancen auch für die »besseren« Rechner.

Entsprechende Möglichkeiten ergeben sich mit anderen Zahlenfeldern. So erhält man z.B. Zauberdreiecke, Zaubervierecke, Zauberspinnen. Die Abbildung 5.10 (S. 124) zeigt einige Beispiele. Ausführliche Unterrichtsvorschläge dazu sind bei Floer/Schipper (1991) zusammengestellt.

Aufgaben mit innerer Selbstkontrolle

Das Problem der Selbstkontrolle, das an vielen Stellen im Zusammenhang mit Übungsmaterialien auftritt, soll noch einmal aufgegriffen werden. Bei den Aufgabenkarten und Arbeitsblättern erfolgt die Kontrolle dadurch, daß die Lösungen mehr

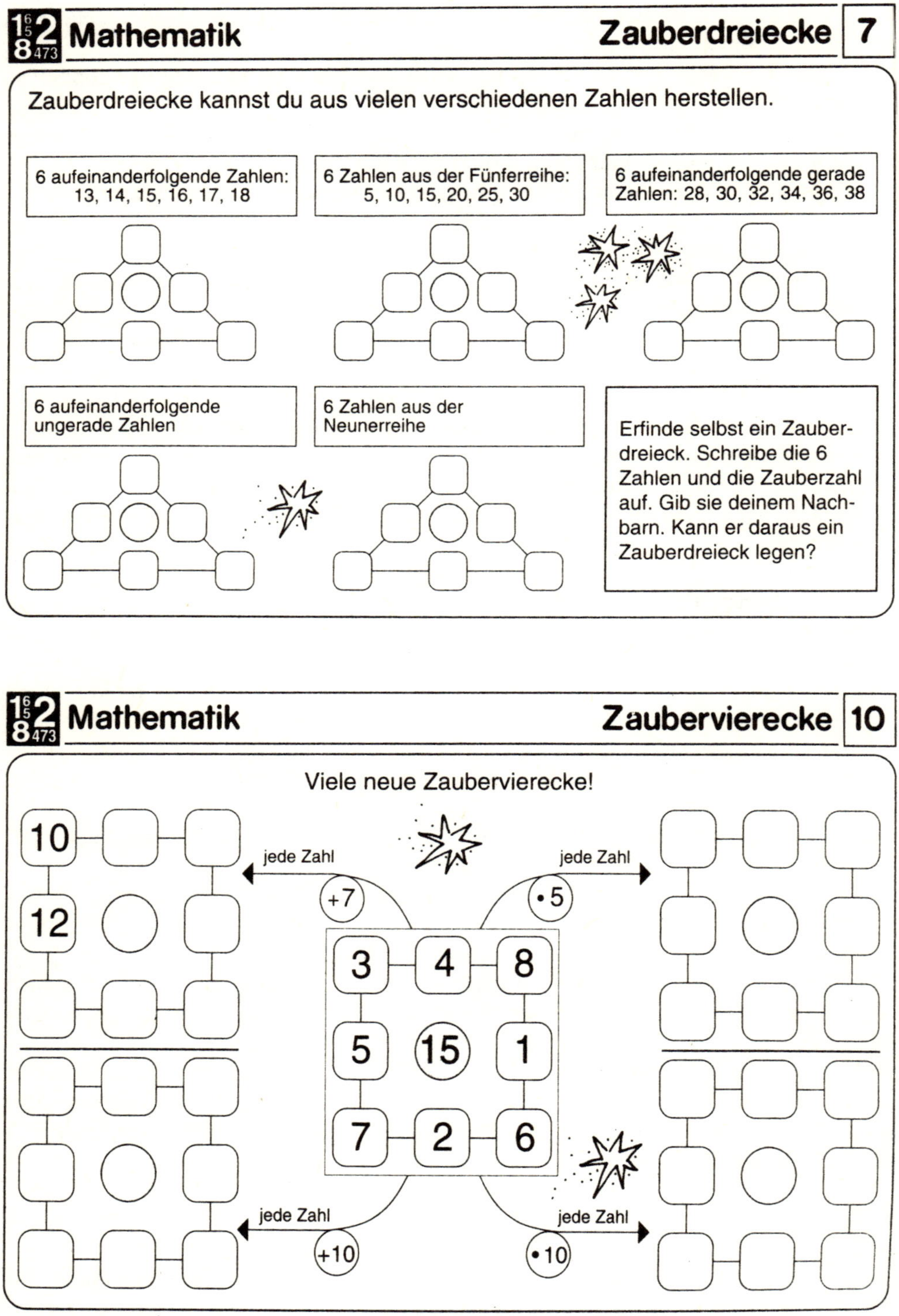

Abb. 5.10: Beispiele für Zauberfiguren (aus: Floer/Schipper, 1991)

oder weniger einfallsreich *von außen* gegeben werden. Das Kind muß sie nur noch mit seinen eigenen Ergebnissen vergleichen. Im strengen Sinne findet keine *Selbst*kontrolle statt, denn ohne externe Vorgaben wäre die Überprüfung nicht möglich. Eine andere Form der Rückmeldung findet etwa bei den Zauberquadraten statt. Auf jeder Linie ergibt sich dieselbe Summe, und dies können die Kinder zur Überprüfung der Rechnung nutzen.

Andere Möglichkeiten für Selbstkontrollen beruhen auf mathematischen Gesetzmäßigkeiten, nicht auf äußeren Vorgaben. Für den Unterricht haben diese einen zweifachen Wert: Sie erfüllen zum einen den praktischen Zweck, die Ergebnisse zu überprüfen, zum anderen regen sie zum Nachdenken über Zusammenhänge zwischen Aufgaben an.

Die einfachste Form der Selbstkontrolle besteht darin, zu einer Aufgabe die Umkehraufgabe zu rechnen. Allerdings ist dies für die Kinder nicht besonders reizvoll. Das ist nicht verwunderlich, denn worin soll der Reiz liegen, nachdem man endlich mühsam eine Divisionsaufgabe geschafft hat, nun zur Probe noch die kaum weniger aufwendige Multiplikation auszuführen?

Wie aber kann man die Selbstkontrolle so gestalten, daß sie den Kindern nicht als Selbstzweck oder unnötige zusätzliche Arbeit erscheint? Einige Möglichkeiten sollen die folgenden Stichworte andeuten, die sich leicht in Arbeitskarten umsetzen lassen.

Gleiche Ergebnisse

Immer zwei Ergebnisse sind gleich. Warum wohl?

417	395	397	405
+189	+226	+209	+216
☐	☐	☐	☐

Kannst du zwei weitere Aufgaben bilden?

Hier sollen die Kinder nicht nur formal rechnen. Sie können auch begründen, *warum* gleiche Ergebnisse vorkommen (Konstanz der Summe).

Entsprechend lassen sich Subtraktionsaufgaben konstruieren (Konstanz der Differenz).

417	395	415	517
–189	–226	–246	–289
☐	☐	☐	☐

Aufgaben aus denselben Ziffern

Bilde aus den Ziffern 1, 2, 3, 4, 5, 6 Plus-Aufgaben.
Das Ergebnis soll immer gleich sein.

621	352	314
+354	+614	+652
☐	☐	☐

Kannst du aus den 6 Ziffern noch eine Aufgabe mit demselben Ergebnis machen?

Solche Aufgaben mit gleichen Ergebnissen erhält man immer, wenn man Hunderter, Zehner oder Einer zwischen den Summanden austauscht. Natürlich kann man auch andere Ziffern wählen.

Besondere Zahlen als Ergebnisse

Was fällt dir auf?

47 + 64 = ☐	80 + 43 = ☐
94 + 128 = ☐	180 + 54 = ☐
141 + 192 = ☐	280 + 65 = ☐

Kannst du noch eine weitere Aufgabe finden?

Auch mit Malaufgaben kann man diese Ergebnisse erhalten.

37 · 3 = ☐	3 · 41 = ☐
37 · 6 = ☐	3 · 78 = ☐
37 · 9 = ☐	3 · 115 = ☐

Neue Aufgaben aus den Ergebnissen

Aus den Ergebnissen kannst du neue Aufgaben bilden

37 + 85 = ☐	85 – 37 = ☐
74 + 170 = ☐	255 – 111 = ☐
111 + 192 = ☐	340 – 148 = ☐
☐ + ☐ = ☐	☐ + ☐ = ☐

In diesen Aufgabentyp kann man verschiedene Gesetzmäßigkeiten einbauen. In dem Beispiel sind die Zahlen der ersten Aufgabe vervielfacht worden. So erhält man aus zwei Ausgangszahlen beliebig viele Aufgabendrillinge.

Die Aufgaben können aber auch auf andere Weise erzeugt werden.

417		285		417		417		320		417
–285		–139		–139		–285		–285		–320
□	+	□	=	□		□	–	□	=	□

Das Prinzip ist leicht zu erkennen. Die Beispiele beruhen darauf, daß für drei beliebige Zahlen immer gilt:
$(A - B) + (B - C) = A - C$ bzw. $(A - B) - (C - B) = A - C$

Zahlen tauschen

Rechne und addiere die Ergebnisse.

85 + 36 = □	52 + 85 = □
47 + 52 = □	36 + 47 = □
□	□

Kannst du selbst solche Aufgaben machen?

Bei diesen Aufgaben ist keine Erläuterung nötig. Was hier passiert, können auch Kinder schnell durchschauen.

Addieren und Subtrahieren

Wähle zwei Zahlen. Bilde daraus die Summe und die Differenz.
Addiere die Ergebnisse.

370 + 250 = □	450 + 195 = □
370 – 250 = □	450 – 195 = □
□	□

Probiere es mit weiteren Zahlen. Was fällt dir auf?

Am Ende erhält man das Doppelte der Ausgangszahl, da für beliebige Zahlen stets $(A + B) + (A - B) = 2A$ ist. Wie ist es, wenn man den *Unterschied* der beiden Ergebnisse bildet?

Multiplizieren und Addieren

Wähle irgendeine Zahl. Multipliziere sie mit 6 und mit 4. Dann addiere die Ergebnisse.

71 · 6 = □	76 · 6 = □
+ 71 · 4 = □	+ 76 · 4 = □
□	□

Rechne weitere Beispiele.

Immer wenn man mit Zahlen multipliziert, deren Summe 10 ist, erhält man natürlich am Ende das Zehnfache der Ausgangszahl. Das Prinzip (Distributivgesetz!) läßt sich wiederum für die Erfindung vieler weiterer Aufgaben nutzen.
Auch hier kann man entsprechende Übungen zur Subtraktion anbieten.

46 · 9 = □	60 · 13 = □
− 46 · 8 = □	− 60 · 3 = □
□	□

Viele weitere Aufgabentypen lassen sich leicht konstruieren. Natürlich müssen die Kinder nicht immer den arithmetischen Hintergrund durchschauen und die versteckten Gesetzmäßigkeiten erkennen. Dennoch werden einige Kinder durchaus darüber nachdenken können.

Rechenfelder

Auf zwanglose Art kommen solche Möglichkeiten der Selbstkontrolle durch Rechenfelder ins Spiel. Das Prinzip erkennt man am leichtesten in *Additions-* und *Subtraktionstafeln.*

Addiert man die Ergebnisse über Kreuz, erhält man dieselbe Summe.

+	130	205	490
90	220	295	
65	195	270	
			490

−	18	25	117
87	69	62	
73	55	48	
			117

Eine andere Kontrollmöglichkeit ergibt sich, wenn man die vier Randsummen bildet, dann vertikal und horizontal addiert. Auch dies läßt sich auf die Subtraktion übertragen.

+	130	205	
90	220	295	515
65	195	270	465
	415	565	980

–	18	25	
87	69	62	131
73	55	48	103
	124	110	234

Auch *Multiplikationstabellen* geben Anlaß zum Entdecken. Wenn wiederum die Randsummen gebildet und diese zeilen- und spaltenweise addiert werden, erhält man (im Beispiel) am Ende 1000. Auch hier ist es das Distributivgesetz, das sich dahinter versteckt.

·	6	4	
65	390	260	650
35	210	140	350
	600	400	1000

Diese Tabellen führen schnell zu weiteren Fragen: Gibt es andere Felder mit der 1000 am Ende? Kommt vielleicht immer die 1000 heraus? Wer kann ein Feld mit dem Ergebnis 500 erfinden? Was passiert, wenn man in den Zeilen und Spalten nicht addiert, sondern subtrahiert?

Gute Dienste leisten diese Felder auch bei der Hinführung zum halbschriftlichen und schriftlichen Rechnen. In einem *Malkreuz* (Wittmann/Müller, 1992) kann man die

·	30	5	
20	600	100	700
6	180	30	210
	600	130	910

Multiplikation größerer Zahlen ausführen, indem man die Zahlen in Zehner und Einer zerlegt, stellenweise multipliziert und die Teilprodukte addiert. Das Malkreuz enthält genau die Schritte, die sich (später) im Algorithmus der schriftlichen Multiplikation wiederfinden lassen.

·	30	5	
20	600	100	700
6	180	30	210
	600	130	910

An dieser Stelle soll noch einmal auf die besondere Bedeutung solcher Übungsformen mit innerer Selbstkontrolle für die *didaktische Differenzierung* hingewiesen werden. Nicht alle Kinder können und sollen in gleicher Weise mit Rechenfeldern umgehen. Manche werden zufrieden sein, wenn sie die Aufgaben lösen können und sich über die Überraschung wundern. Anderen Kindern gelingt es vielleicht schon, die Regelhaftigkeiten (mehr oder weniger weit) zu begründen, die Beispiele zu verändern, selbst Rechenfelder mit vorgegebenen Ergebnissen zu erfinden. Eine Differenzierung nach diesem Konzept ist sicher schwerer zu realisieren, aber ohne Frage fruchtbarer als nach der Anzahl der Aufgaben oder der Größe der Zahlen.

Karten für Entdecker

Es gibt viele weitere Beispiele für problemorientierte Übungsformen, von denen hier nur einige erwähnt werden sollen. Auf Karteikarten gesammelt, schön gestaltet und mit Folie überzogen, stellen sie ein hervorragendes Lernmaterial dar, mit dem Kinder selbständig arbeiten können. Der Schwierigkeitsgrad läßt sich leicht variieren, von einfachen Aufgaben für alle bis zu anspruchsvollen Knobeleien für die Kinder, die Freude am Lösen verzwickterer Probleme haben. Eine Fülle von Beispielen für solche Übungsformen findet man in der didaktischen Literatur (etwa Floer, 1985; Wittmann/Müller, 1990, 1992) sowie in neueren Schulbüchern. In Abbildung 5.11 sind einige Anregungen zusammengestellt, ohne auf den mathematischen Hintergrund und Einzelheiten des Einsatzes im Unterricht einzugehen.

Auch einige der Übungsformen, die für größere Zahlen in Verbindung mit dem Taschenrechner im nächsten Kapitel beschrieben werden, lassen sich auf kleinere Zahlen übertragen.

SPINNEN

1 2 3 4 5 6 7

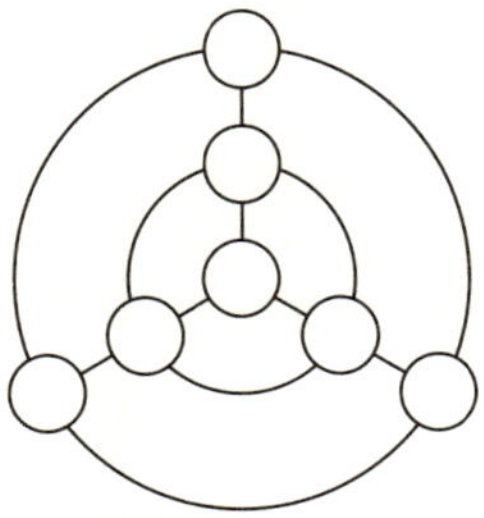

Setze die Zahlen in die Spinne:
in jedem Kreis und auf jedem Arm
soll dieselbe Summe entstehen.

STERNE

Wähle in der Hundertertafel ein Quadrat mit 9 Zahlen aus.

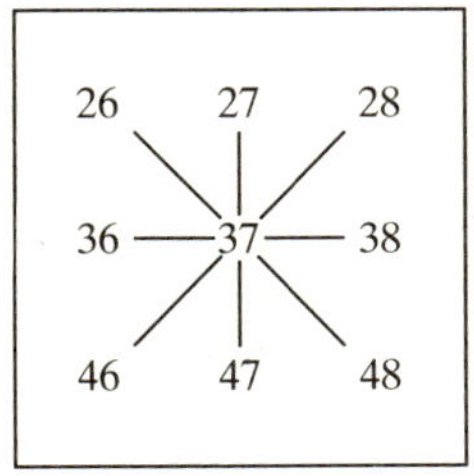

Addiere immer die 3 Zahlen auf einer Linie.

ZAHLENGITTER

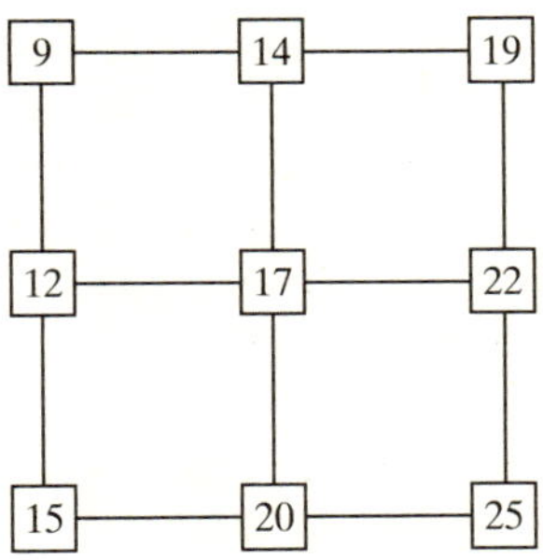

Wähle 3 Zahlen aus dem Gitter – in jeder Reihe und in jeder Spalte aber nur eine.
Addiere die 3 Zahlen.

RÄTSEL

Wie heißt die Zahl?

Sie liegt zwischen 200 und 300

Du kannst sie ohne Rest durch 4, 5 und 6 teilen.

Abb. 5.11: Beispiele für offene Übungsformen

6. Der Taschenrechner – ein Lernmaterial?

Zum Stand der Diskussion

Bei Überlegungen zu Lernmaterialien im Mathematikunterricht kann man am Taschenrechner sicher nicht einfach vorbeigehen. Daher sollen in diesem Abschnitt einige Stichworte zu Möglichkeiten und Grenzen eines sinnvollen Einsatzes dieses Mediums gesammelt werden. Ausgangspunkt können die vorsichtigen Anmerkungen sein, die der Lehrplan für die Grundschule in Nordrhein-Westfalen (1985) zum Einsatz elektronischer Medien, damit auch des Taschenrechners, enthält:

> »Im Bereich der Mathematik finden elektronische informationsverarbeitende Medien als Problemlösungsinstrumente und vielseitig einsetzbare Werkzeuge in zunehmendem Maße Verwendung. Diese Medien stellen somit auch für den Mathematikunterricht eine große Herausforderung dar. In der Grundschule können sie dann verwendet werden, wenn bei ihrem Einsatz die didaktischen Prinzipien des Mathematikunterrichts beachtet werden. Die Kinder können so im Unterricht erste Erfahrungen hinsichtlich der Leistungsfähigkeit und -grenzen dieser Medien machen. Dabei darf es keinesfalls zur Verkümmerung rechnerischer Fertigkeiten kommen« (S. 29)

Dieser Text macht deutlich, daß für die Entscheidung ausschließlich *pädagogische* Gründe maßgebend sind. Das heißt aber auch: Es ist unsere Aufgabe als Lehrer und Didaktiker, diese Entscheidung zu treffen und zu verantworten. Zur Zeit sind wir von einem Konsens oder auch nur einer gründlichen Diskussion noch ziemlich weit entfernt.

Das Stichwort Taschenrechner ruft bei den meisten GrundschullehrerInnen Reaktionen hervor, die von Skepsis und Unsicherheit bis zu strikter Ablehnung reichen. Dabei sind die eigenen Erfahrungen allerdings in der Regel sehr gering, entsprechend grob bleiben die Begründungen. (»In der Grundschule sollen die Kinder doch erst einmal richtig rechnen lernen!«)

Auch die Didaktik bietet kaum Hilfen für die Entscheidung. Es gibt bisher nur wenige Aufsätze zum Einsatz des Taschenrechners in der Grundschule. (Erste Ansätze findet man bei Spiegel, 1988, und Floer, 1990.)

Einige Schritte weiter scheint die Entwicklung insbesondere in den USA und Großbritannien zu sein. Dort steht nicht mehr die Frage im Mittelpunkt, *ob* Taschenrechner in der Grundschule sinnvoll sind, sondern *wie* sie sinnvoll eingesetzt werden können.

Es ist kein Unglück, daß die Entwicklung bei uns ein wenig schleppender verläuft. So gewinnen wir Zeit, um in Ruhe nachzudenken.

Didaktische Ansätze

Die Frage aber bleibt, wie wir weiterkommen können. Dies gelingt sicher nicht mit *zu* einfachen Argumenten. So reicht es nicht aus, den Einsatz des Taschenrechners mit der Begründung abzulehnen, daß Kinder auf diese Weise dann gar nicht oder schlechter rechnen lernen. Eine solche Funktion des Taschenrechners ist von niemandem beabsichtigt. Es besteht wohl Einigkeit darüber, daß weder in der Grundschule noch in späteren Jahren durch den Einsatz des Taschenrechners Zahlverständnis und Einsicht in Zusammenhänge verlorengehen darf.

Die Entscheidung für den Einsatz des Taschenrechners hat sicher Auswirkungen auf die Konzeption des Arithmetikunterrichts in der Grundschule. Einige Ziele werden an Bedeutung verlieren, insbesondere der Erwerb von Fertigkeiten bei schriftlichen Rechenverfahren. Dafür gewinnen andere Ziele wie die Entwicklung des Zahlensinns, die Vertrautheit mit dem Dezimalsystem, die Überprüfung von Ergebnissen durch Überschlagsrechnungen gerade im Umgang mit dem Taschenrechner zunehmend an Bedeutung.

Zu einfache Argumente ziehen natürlich auch von der anderen Seite nicht. Zumindest für die Grundschule kann es nicht entscheidend sein, daß man mit dem Taschenrechner schwere Aufgaben in größerer Zahl und in kürzerer Zeit rechnen kann, als es ohne ihn möglich ist. Wenn es der Einsicht dient, sollten wir uns eben mit einfacheren Aufgaben begnügen und dafür den Kindern genügend Zeit lassen!

Die Quellen der Einsicht sind nun einmal die eigenen Handlungen, seien es konkrete Handlungen mit geeignetem Material oder bereits zu »Operationen« verinnerlichte Handlungen. Daß dieser Aspekt des aktiv entdeckenden Lernens verlorengeht oder doch zu kurz kommt, ist die durchgehende Gefahr, die der Taschenrechner mit sich bringen könnte.

Daher ist es nützlich, zunächst einmal die prinzipiellen Grenzen des Taschenrechners beim Mathematiklernen deutlich zu sehen.

Was kann der Taschenrechner nicht?

- Er stellt keine konkreten Erfahrungen zum Aufbau von Zahlvorstellungen und Zahlverständnis bereit.
- Er schafft keine Einsicht in die Grundideen des Stellenwertsystems und der Rechenverfahren.
- Er liefert keine Begründungen für Rechengesetze und Zusammenhänge.
- Er ist nicht imstande, verschiedene Rechenwege zu entdecken und zu nutzen.
- Er kann weder mathematische Einsichten aus Umwelterfahrungen heraus gewinnen noch die Mathematik einsetzen, um die Umwelt besser zu verstehen.
- Er kann sich nicht melden, wenn man besser auf ihn verzichten sollte!

Kurz: Konkrete Erfahrungen, geeignete Materialien, lebendige Situationen, einfallsreichen Umgang mit Zahlen – dies alles kann der Taschenrechner (selbstverständlich) nicht ersetzen!

Was bleibt angesichts dieser Grenzen an Spielraum für eine sinnvolle Verwendung des Taschenrechners? Als Orientierungshilfe muß die oben zitierte Forderung des

Lehrplans dienen, daß beim Einsatz des Taschenrechners »die didaktischen Prinzipien des Mathematikunterrichts beachtet werden«.

Geht man zentrale Forderungen neuer Lehrpläne durch, so ergeben sich insbesondere die folgenden Fragen:

- Trägt der Taschenrechner zur Entwicklung von Fertigkeiten, Kenntnissen, Fähigkeiten und positiven Einstellungen zum Mathematikunterricht bei?
- Kann er Kreativität und Argumentationsfähigkeit fördern?
- Wo und wie kann er helfen, Entdeckungen zu machen? Eröffnet er vielleicht sogar Möglichkeiten des entdeckenden Lernens, die ohne ihn nicht zugänglich wären?
- Ermöglicht er anregende (produktive, operative) Übungsformen?
- Kann er als Werkzeug bei der Erschließung der Umwelt (Anwendungsorientierung) und bei der Einsicht in Regelhaftigkeiten und Gesetzmäßigkeiten (Strukturorientierung) helfen?

Die Umsetzung dieser Fragen in gute Unterrichtsaktivitäten hängt entscheidend davon ab, ob wir genügend viele tragfähige Beispiele finden. Etwas überspitzt ausgedrückt: Das Problem des Taschenrechners im Unterricht ist kein Problem des Taschenrechners, sondern des Unterrichts. In einem starren und einfallsarmen Unterricht wird auch der Taschenrechner kaum die Wende zum offenen und entdeckenden Lernen bringen. In einem guten Unterricht dagegen lassen sich viele Möglichkeiten finden, den Taschenrechner anregend einzubeziehen. Der Taschenrechner kann ja nur ein Werkzeug sein, für dessen vernünftigen Einsatz wir verantwortlich sind.

Bei der Suche nach überzeugenden Beispielen wird deutlich, daß Übungsformen und Spiele mit dem Taschenrechner nicht besser sein können als unsere Vorstellungen vom Üben und Spielen insgesamt. Akzeptiert man, daß Üben sich nicht auf die Vermittlung von Fertigkeiten beschränken darf, sondern – vor allem – der Gewinnung und Vertiefung von Einsichten dienen soll, dann muß sich dies auch im Umgang mit dem Taschenrechner niederschlagen. Insbesondere soll er dem Kind nicht die Überlegungen abnehmen, sondern helfen, Zusammenhänge zu entdecken und zu überprüfen.

Beispiele für Übungsformen und Spiele mit dem Taschenrechner (oder auch ohne ihn)

Die folgenden Beispiele sollen deutlich machen, wie Schritte in Richtung auf die angestrebten Ziele aussehen könnten. Sie beziehen sich schwerpunktmäßig auf das Ende der Grundschulzeit, z.T. sind sie auch für die folgenden Schuljahre geeignet. Dies hat seinen Grund darin, daß der Nutzen des Taschenrechners erst beim Umgang mit größeren Zahlen voll zum Tragen kommt. Natürlich würde eine Entscheidung für den Einsatz des Taschenrechners in dieser Klassenstufe dann auch Rückwirkungen auf frühere Schuljahre haben, in denen die Kinder erste Erfahrungen mit dem neuen Medium behutsam sammeln müßten und könnten.

Die Anregungen sind durchgehend so ausgewählt, daß blindes Probieren nicht zum Ziel führt. Vielmehr muß man zunächst überlegen, wie man etwa möglichst nahe an ein Ziel oder eine versteckte Zahl herankommt, durch Überschlagsrechnungen, gezieltes Verändern der Zahlen, Ausnutzen von Rechengesetzen. Der Taschenrechner soll dabei keineswegs das Denken ersetzen, sondern *unterstützen*: Die mühsame Rechenarbeit kann er übernehmen, die Suche nach geschickten Rechenwegen und das Entdecken von Beziehungen *nicht*.

Allen Vorschlägen gemeinsam ist, daß sie offen sind für vielfältige Veränderungen, insbesondere bezüglich des jeweils angesprochenen Zahlenraums und der Rechenoperationen. Mit kleineren Zahlen eignen sich die Beispiele auch als Übungsformen *ohne* Taschenrechner.

Zahlengolf

Es geht darum, Zahlen aus vorgegebenen Ziffern zu bilden und diese dann so zu verknüpfen, daß das Ergebnis möglichst nahe bei einer Zielzahl liegt.

Beispiel: Aus den Ziffern 1, 2, 3, 5, 7, 8 werden drei zweistellige Zahlen gebildet, wobei jede Ziffer genau einmal verwendet wird. Zwei dieser Zahlen werden multipliziert, die dritte Zahl wird zu dem Ergebnis addiert oder davon subtrahiert. Wer kommt möglichst nahe an die 2000 heran?

Für Ergebnisse, die sich um weniger als 50 von 2000 unterscheiden, gibt es einen Punkt. Ist das Ergebnis um höchstens 10 von der Zielzahl entfernt, bringt es drei Punkte.

Wenig erfolgversprechend ist es, aus den Ziffern blind irgendwelche Zahlen zu bilden und die Ergebnisse der entstehenden Aufgaben mit dem Taschenrechner zu ermitteln. So gehen auch Kinder nicht vor. Sie suchen vielmehr zunächst nach zweistelligen Zahlen, deren Produkt nicht allzuweit von 2000 entfernt ist. Ist das Ergebnis zu klein (zu groß), vergrößern (verkleinern) sie einen Faktor oder beide Faktoren. Auf diese Weise geht eine Fülle von operativen Überlegungen in die Übungsform ein. Der Taschenrechner dient vor allem dazu, die genauen Ergebnisse schnell zu berechnen. Dies wäre ohne ihn so mühsam, daß das Spiel seinen Reiz verlieren würde.

In gemeinsamer Arbeit finden die Kinder zahlreiche Aufgaben. Eine Auswahl:

$71 \cdot 28 + 35 = 2023$
$87 \cdot 23 - 15 = 1986$
$85 \cdot 23 + 71 = 2026$
$81 \cdot 25 - 37 = 1988$
$73 \cdot 28 - 51 = 1993$
$83 \cdot 25 - 71 = 2004$
$38 \cdot 52 + 17 = 1993$

Vielfältige Varianten des Golfspiels sind ohne Mühe zu finden:

- Die Zielzahlen werden verändert.
- Es wird mit mehr oder weniger Ziffern gespielt.
- Es dürfen auch dreistellige und einstellige Zahlen gebildet werden.
- Nicht alle Zahlen müssen verwendet werden. Dies führt in unserem Beispiel etwa zu den Aufgaben $87 \cdot 23 = 2001$ und $87 \cdot 23 - 1 = 2000$.

– Die Zahlen werden nur addiert und subtrahiert. (Dabei ist dann der Taschenrechner allerdings entbehrlich.)

In jedem Fall eröffnet sich ein weites Feld für beziehungsreiches und produktives Üben. Das Anspruchsniveau läßt sich den Fähigkeiten der Kinder anpassen, so daß für didaktische Differenzierung genügend Spielraum bleibt. Der Taschenrechner leistet wertvolle Dienste, ohne die guten Einfälle der Kinder zu ersetzen.

Zahlenrätsel

Das Grundmuster der Zahlenrätsel besteht darin, daß man Informationen über eine unbekannte Zahl erhält, die auf die Spur der gesuchten Zahl führen. Ein einfaches Beispiel:

Denke dir eine Zahl.
Multipliziere sie mit 5,
dann addiere 2
und vervierfache das Ergebnis.

Umgesetzt in ein Spiel in der Klasse: Jedes Kind versteckt seine Zahl in einem Briefumschlag. Das Ergebnis schreibt es außen auf den Brief. Wer findet die versteckte Zahl?

Für die Lösung können die Kinder sehr unterschiedliche Strategien entwickeln.

– *Planmäßiges Probieren*: Man führt die angegebenen Operationen mit irgendeiner Zahl durch. Ist das Ergebnis zu klein (zu groß), wählt man eine größere (eine kleinere) Zahl. Auf diese Weise kann man sich an die Zahl *herantasten*.

– *Operative Veränderungen*: Wird die Startzahl um 1 (um 10) vergrößert, wächst das Ergebnis um 20 (um 200). Mit Hilfe dieser Einsicht kommt man schnell zum Ziel:

		+1 →	+10 →	+3 →
Zahl	125	126	136	139
Ergebnis	2508	2528	2728	2788
		+20 →	+200 →	+60 →

– Eine andere Strategie stützt sich auf die *Umkehrung der Rechenoperationen.* Schritt für Schritt kommt man so vom Ergebnis zur versteckten Zahl:

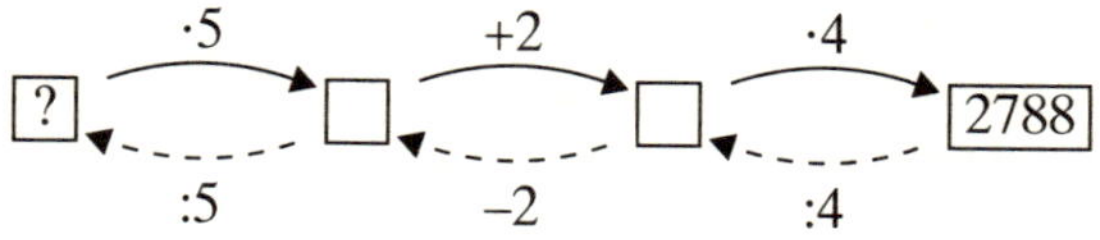

- Noch einfacher ist diese Lösung: Im Ergebnis ist die Einerziffer immer 8. Streicht man sie, so bleibt gerade das Doppelte der gesuchten Zahl übrig. Dies ist allerdings nicht so leicht zu begründen.

Bei allen Lösungsstrategien ist der Taschenrechner, vor allem bei größeren Zahlen, sehr nützlich. Mit seiner Hilfe kann man die notwendigen Rechnungen schnell ausführen. Andererseits wird deutlich, daß er keineswegs die guten Einfälle ersetzen kann (und soll)! Im Gegenteil: Dadurch, daß er von mühsamen Rechnungen entlastet, schafft er mehr Freiraum für diese guten Ideen.

Einige weitere Vorschläge für Zahlenrätsel sind auf den abgebildeten Arbeitskarten gesammelt. (Abb. 6.1)

Zaubereien mit Zahlen

Eine wichtige Funktion des Taschenrechners kann darin bestehen, Beispielmaterial zu liefern, das zur Entdeckung von Gesetzmäßigkeiten führt. Auch hier wären die Rechnungen ohne Taschenrechner oft so aufwendig, daß für die angestrebten Entdeckungen kaum noch Zeit bliebe. Ein einfaches Beispiel soll die Grundidee erläutern:

Denke dir eine Zahl.	371
Addiere dazu das Doppelte,	+ 742
das Dreifache	+ 1113
und das Vierfache der Zahl	+ 1484
	3710

Es ergibt sich immer *das Zehnfache* der Zahl.

Nach demselben Muster kann man viele weitere Varianten konstruieren.

- Bilde das Vierfache der Zahl, davon noch einmal das Vierfache. Addiere die Ergebnisse.
- Multipliziere deine Zahl mit 9, das Ergebnis mit 11. Addiere dazu noch die Zahl selbst.

Bei anderen Zahlenzaubereien erhält man am Ende wieder die Ausgangszahl.

- Ziehe vom Siebenfachen der Zahl das Sechsfache ab.
- Wähle eine Zahl. Multipliziere sie mit 30, das Ergebnis mit 25. Dann dividiere zuerst durch 75, zum Schluß noch durch 10.
- Addiere zunächst 3, multipliziere das Ergebnis mit 5. Dann subtrahiere 15 und verdoppele. Zum Schluß dividiere noch durch 10.

Mathematik — Zahlen raten (4)

- Denke dir eine Zahl.

Multipliziere sie mit 5, dann addiere 2 und vervierfache das Ergebnis.

Jens denkt sich die 236 und rechnet:

$236 \xrightarrow{\cdot 5} 1180 \xrightarrow{+2} 1182 \xrightarrow{\cdot 4} 4728$

Nina erhält das Ergebnis 1508.
Kannst du ihre Zahl erraten?

Schreibt Beispiele auf:

gedachte Zahl	236	15	120	?	?	?
Ergebnis	4728	?	?	1508	4208	788

- Spielt in der Klasse: Jedes Kind versteckt seine Zahl in einem Briefumschlag. Das Ergebnis schreibt es außen auf den Brief. Wer findet die versteckte Zahl?

Mathematik — Würfelaugen raten (7)

- Spielt mit zwei Würfeln.

Multipliziere die größere Zahl mit 101.
Dann nimm mit der anderen Zahl mal.
Ziehe vom Ergebnis die größere Zahl ab.

Ayse wirft: ⚃ ⚂

Sie rechnet:

$4 \xrightarrow{\cdot 101} 404 \xrightarrow{\cdot 3} 1212 \xrightarrow{-4} 1208$

Annette erhält das Ergebnis 1005.
Kannst du die Würfelzahlen erraten?

Schreibt viele Beispiele auf:

Würfel	⚃ ⚂	⚄ ⚄	⚁ ⚅	☐ ☐	☐ ☐
Ergebnis	1208	?	?	1005	600

- Spielt zu zweit: Ein Kind würfelt und rechnet das Ergebnis aus. Kann das andere Kind herausfinden, welche Augen auf den Würfeln sind?

Mathematik — Zusammen 100 (5)

- Denke dir zwei Zahlen mit der Summe 100. Multipliziere sie.

Jonas wählt 27 und 73. Ergebnis?

Steffi erhält das Ergebnis 2436.
Welche Zahlen hat sie wohl gewählt?

Andrea	Marion	Ahmed
1824	2500	196

Goran	Annette
1600	1659

- Spielt in der Klasse. Jedes Kind schreibt sein Ergebnis auf einen Zettel. Wer kann die Zahlen finden?

Hier sind noch andere Spielregeln:

Zwei Zahlen mit der Summe 50 werden multipliziert.	Zwei Zahlen unterscheiden sich um 4. Multipliziere sie.

Mathematik — Nachbarzahlen raten (9)

- Denke dir zwei Nachbarzahlen und multipliziere sie.

Kai wählt 83 und 84.
Welches Ergebnis erhält er?

Lia erhält das Ergebnis 1406.
Welche Zahlen hat sie gewählt?

Macht das Ratespiel in der Klasse. Jeder versteckt zwei Nachbarzahlen in einem Briefumschlag. Auf den Umschlag schreibt er das Produkt. Wer kann die Zahlen finden?

- Auch mit diesen Regeln könnt ihr Nachbarzahlen raten.
  - *Drei* aufeinanderfolgende Zahlen *multiplizieren.*
  - *Drei* aufeinanderfolgende Zahlen *addieren.*
  - *Drei* aufeinanderfolgende Zahlen:
    Die beiden ersten Zahlen multiplizieren, die dritte Zahl zu dem Ergebnis addieren.
  - *Vier* aufeinanderfolgende Zahlen *addieren.*

Abb. 6.1: Zahlenrätsel mit (oder ohne?) Taschenrechner (aus: Floer, 1990)

Etwas schwieriger zu durchschauen sind die folgenden Zaubereien.

- Wähle eine zweistellige Zahl. Multipliziere sie mit 50 und mit 51. Addiere die Ergebnisse.

  $$\begin{array}{r} 37\cdot 50 = 1850 \\ 37\cdot 51 = \underline{1887} \\ 3737 \end{array}$$

  Man erhält das 101fache der Zahl. Daher entsteht eine Zahl, in der die ursprüngliche Ziffernfolge zweimal auftritt. Wenn die Kinder das Bildungsgesetz durchschaut haben, können sie selbst viele weitere Aufgaben bilden.

- Wähle eine dreistellige Zahl. Multipliziere sie mit 7, das Ergebnis mit 11, das Ergebnis noch mit 13.
  Man erhält das 1001fache der Zahl, da $7\cdot 11\cdot 13 = 1001$ ist. Wieder ergeben sich die urspünglichen Ziffern zweimal: Aus 371 wird 371371.

Auch bei diesen Zaubereien steht nicht der Taschenrechner im Mittelpunkt, sondern das, was die Kinder mit seiner Hilfe entdecken.

ESEL-Zahlen

Ein beliebtes Spiel mit dem Taschenrechner besteht darin, aus den eingetippten Zahlen Wörter zu bilden. Die Zahl 7353 etwa wird, wenn man sie auf den Kopf stellt, zum Wort ESEL.

Für diese Spiele eignen sich die Zahlen 3, 1, 7, 0 und 5 besonders gut, sie zeigen die Buchstaben E, I, L, O und S. Brauchbar sind auch noch die Zahlen 8 und 9 zur Erzeugung von B und G.

Eine schöne Übungsform wird aus diesem Spiel, wenn die Zahlen nicht einfach eingegeben werden, sondern als Ergebnisse von Aufgaben entstehen. Passende Additions- und Subtraktionsaufgaben zu finden, bereitet wenig Schwierigkeiten. Nicht so leicht ist es, Wörter durch Multiplikationsaufgaben zu erzeugen. Wer findet eine ESEL-Aufgabe?

Je nach den vorhandenen Kenntnissen über Teilbarkeitsregeln wird die Suche nach einer Zerlegung mehr oder weniger langwierig. (Auf Einzelheiten einer geschickten Strategie soll hier nicht eingegangen werden. Dies würde zu etwas anspruchsvolleren Teilbarkeitsfragen führen.) Man erhält:

$7353 = 3\cdot 3\cdot 19\cdot 43$.

Aus dieser Zerlegung ergeben sich viele weitere Aufgaben mit dem Ergebnis 7353, z.B. $57\cdot 129$, $171\cdot 43$ oder $19\cdot 387$. Immer erscheint der ESEL.

Wer kann Aufgaben zu diesen Wörtern finden: SEE, LOS, EILE, SEIL, LIEB? Übrigens gibt es zu EILE nur eine Aufgabe ($3713 = 47\cdot 79$), zu LIEB überhaupt keine, da 8317 eine Primzahl ist.

Auch bei diesen Versuchen wird der Taschenrechner nicht blind eingesetzt. Nur mit einem guten Plan im Kopf kommt man geschickt zu den Zerlegungen – der Taschenrechner ist dabei eine wertvolle Hilfe.

Literatur

Aebli, H.: Das operative Prinzip, in: mathematik lehren, 11/1985, S.4–6

Bauersfeld, H.: Subjektive Erfahrungsbereiche als Grundlage einer Interaktionstheorie des Mathematiklernens und -lehrens, in: Bauersfeld, H. u.a.: Lernen und Lehren von Mathematik, Köln: Aulis, 1983, S. 1–56

Benner, D.: Auf dem Weg zur Öffnung von Unterricht und Schule, in: Die Grundschulzeitschrift, 27/1989, S. 46–55

Bollnow, O.F.: Vom Geist des Übens, Oberwil b. Zug (CH): Kugler, 1987

Bruner, J.S.: Der Prozeß der Erziehung, Berlin, 1970 (Original Cambridge, Mass., 1960)

Dörfler, W.: Rolle und Mittel der Vergegenständlichung in der Mathematik, in: Beiträge zum Mathematikunterricht, Bad Salzdetfurth: Franzbecker, 1988, S. 110–113

Floer, J. (Hrsg.): Arithmetik für Kinder, Frankfurt/M.: Arbeitskreis Grundschule, 1985

Floer, J.: Malen nach Zahlen – Einige Vorschläge, wie man mehr als bunte Bilder daraus machen kann, in: Sachunterricht und Mathematik in der Primarstufe, 1988a (Heft 2), S. 60–67

Floer, J.: Üben und Einsicht im Mathematikunterricht – Beispiele für Materialien zum operativen Rechnen, in: Die Grundschulzeitschrift 17/1988b, S. 14–21

Floer, J.: Taschenrechner in der Grundschule?, in: Die Grundschulzeitschrift, 31/1990, S. 26–28, 50–54

Floer, J.: Lernmaterialien als Stützen der Anschauung im arithmetischen Anfangsunterricht, in: Lorenz, J.H.(Hrsg.): Mathematik und Anschauung, Köln: Aulis, 1993a, S. 106–121

Floer, J.: »Vom Einmaleins zum Einmaleins?« – Entwicklungen und Perspektiven im Mathematikunterricht der Grundschule, in: Haarmann, D. (Hrsg.): Handbuch Grundschule, Bd. 2, Weinheim und Basel: Beltz, 1993b

Floer, J./Haarmann, D. (Hrsg.): Mathematik für Kinder, Weinheim: Beltz, 1982

Floer, J./Schipper, W.: Zauberdreiecke und Zaubervierecke, Beispiele für entdekkendes Üben, in: Die Grundschulzeitschrift, 47/1991, S. 49–56

Freudenthal, H.: Major problems of mathematics education, in: Educ. Studies in Math., 12/1981, S. 133–150

Fricke, A.: Operatives Denken im Rechenunterricht als Anwendung der Psychologie von Piaget, in: Westermanns Pädagogische Beiträge, 1959, S. 99ff.

Gardner, H.: Dem Denken auf der Spur, Stuttgart: Klett-Cotta, 1989

Gattegno, C.: Mathematik mit Zahlen in Farben, München, 1964

Gerlach, A.: Lebensvoller Rechenunterricht, Leipzig: Voigtländer, 1914

Gerster, H.-D.: Schülerfehler bei schriftlichen Rechenverfahren – Diagnose und Therapie, Freiburg: Herder, 1982
Ginsburg, H.P: Children's Arithmetic, New York: Van Nostrand, 1977
Homagk, F./Keune, D.: Anregungen zum Materialorientierten Rechenunterricht in der Grundschule, in: Floer/Haarmann (Hrsg.), 1982, S. 151–171
Hughes, M.: Children and Number, Difficulties in Learning Mathematics, Oxford: Blackwell, 1986
Karaschewski, H.: Wesen und Weg des ganzheitlichen Rechenunterrichts, Stuttgart: Klett, 1966
Köppen, D.: 70 Zwiebeln sind ein Beet, Mathematikmaterialien im offenen Anfangsunterricht, Weinheim und Basel: Beltz, 1988
Kuhn, U.: Farben helfen rechnen lernen, in: Beiträge zum Mathematikunterricht 1988, Bad Salzdetfurth: Franzbecker, 1988, S. 165–167
Kühnel, J.: Neubau des Rechenunterrichts, Bad Heilbrunn: Klinkhardt, 1966 (1. Auflage: Leipzig 1916)
Lorenz, J.H.: Zahlenraumprobleme bei Schülern, in: Sachunterricht und Mathematik in der Primarstufe **15** , 1987, S. 171–177
Lorenz, J.H.: Materialhandlungen und Aufmerksamkeitsfokussierung zum Aufbau interner arithmetischer Vorstellungsbilder, in: Lorenz, J.H. (Hrsg.): Störungen beim Mathematiklernen, Köln: Aulis, 1991, S. 53–73
Lorenz, J.H.: Anschauung und Veranschaulichungsmittel im Mathematikunterricht – Mentales visuelles Operieren und Rechenleistung, Göttingen: Hogrebe, 1992
Lorenz, J.H./Radatz, H.: Handbuch des Förderns im Mathematikunterricht, Hannover: Schroedel, 1993
Maier, H./Voigt, J.(Hrsg.): Interpretative Unterrichtsforschung, Köln: Aulis, 1991
Montessori-Vereinigung e.V.: Montessori-Material, Bd. 3, Zelhem (NL): Nienhuis, 1986
Müller, G./Wittmann, E.Ch.: Der Mathematikunterricht in der Primarstufe, Braunschweig: Vieweg, 1984 (3. Aufl.)
Oehl, W.: Der Rechenunterricht in der Grundschule, Hannover: Schroedel, 1962
Padberg, F.: Didaktik der Arithmetik, Mannheim: Bibl. Institut, 1992
Postman, N.: Das Verschwinden der Kindheit, Frankfurt/M.: Fischer, 1983
Postman, N.: Wir amüsieren uns zu Tode, Frankfurt/M.: Fischer, 1988
Radatz, H.: Fehleranalysen im Mathematikunterricht, Braunschweig: Vieweg, 1980
Radatz, H.: Schülervorstellungen von Zahlen und elementaren Rechenoperationen, in: Beiträge zum Mathematikunterricht, Bad Salzdetfurth: Franzbecker, 1989, S. 306–309
Radatz, H.: Hilfreiche und weniger hilfreiche Arbeitsmittel im mathematischen Anfangsunterricht, in: Grundschule 9/1991, S. 46–49
Radatz, H./Schipper, W.: Handbuch für den Mathematikunterricht an Grundschulen, Hannover: Schroedel, 1983
Richtlinien und Lehrpläne für die Grundschule in Nordrhein-Westfalen, Düsseldorf, 1985
Spiegel, H.: Vom Nutzen des Taschenrechners im Mathematikunterricht der Grundschule, in: Bender, P. (Hrsg.): Mathematikdidaktik, Theorie und Praxis, Festschrift für H.Winter, Berlin: Cornelsen, 1988, S. 177–189

Treffers, A.: Fortschreitende Schematisierung, in: mathematik lehren 1/1983, S. 16–20
Treffers, A.: Didactical background for a mathematics program for primary education, in: Streefland, L. (ed.): Realistic mathematics education in primary school, Utrecht (NL), 1991
Wallrabenstein, W.: Offene Schule – Offener Unterricht, Reinbek: Rowohlt, 1991
Winter, H.: Begriff und Bedeutung des Übens im Mathematikunterricht, in: mathematik lehren, 2/1984, S. 4–16
Winter, H.:Mathematik entdecken, Frankfurt/M.: Scriptor, 1987
Wittmann, E.Ch.: Objekte – Operationen – Wirkungen: Das operative Prinzip in der Mathematikdidaktik, in: mathematik lehren, 11/1985, S. 7–11
Wittmann, E.Ch.: Wider die Flut der »bunten Hunde« und der »grauen Päckchen«: Die Konzeption des aktiv-entdeckenden Lernens und des produktiven Übens, in: Wittmann/Müller, 1990, S. 152–166
Wittmann, E.Ch.: Üben im Lernprozeß, in: Wittmann/Müller, 1992, S. 175–182
Wittmann, E.Ch.: »Weniger ist mehr«: Anschauungsmittel im Mathematikunterricht der Grundschule, in: Beiträge zum Mathematikunterricht, Hildesheim: Franzbekker, 1993, S. 394–397
Wittmann, E.Ch./Müller, G.N.: Handbuch produktiver Rechenübungen, Bd. 1: Vom Einspluseins zum Einmaleins, Stuttgart: Klett, 1990
Wittmann, E.Ch./Müller, G.N.: Handbuch produktiver Rechenübungen, Bd. 2: Vom halbschriftlichen Rechnen zum schriftlichen Rechnen, Stuttgart: Klett, 1992
Wittmann, J.: Theorie und Praxis eines analytischen Unterrichts in der Grundschule, Dortmund: Crüwell, 1929

Reihe »Werkstattbuch Grundschule«

Herausgegeben von Dieter Haarmann (Auswahl)

Leonhard Blumenstock / Erich Renner (Hrsg.)
Freies und angeleitetes Schreiben
Beispiele aus dem Vor- und Grundschulalter.
142 S. Br. DM 36,– / öS 266,– / sFr 36,–
ISBN 3-407-62131-0

Helmut Breuer / Maria Weuffen
Lernschwierigkeiten am Schulanfang
Schuleingangsdiagnostik zur Früherkennung und Frühförderung.
198 S. Br. DM 38,– / öS 281,– / sFr 38,–
ISBN 3-407-62170-1

Kurt Czerwenka (Hrsg.)
Das hyperaktive Kind
Ursachenforschung – Pädagogische Ansätze – Didaktische Konzepte.
145 S. Br. DM 34,– / öS 252,– / sFr DM 34,–
ISBN 3-407-62188-4

Mechthild Dehn
Schlüsselszenen zum Schrifterwerb
Arbeitsbuch zum Lese- und Schreibunterricht in der Grundschule.
200 S. Br. DM 36,– / öS 266,– / sFr 36,–
ISBN 3-407-62181-7

Maria Fölling-Albers
Schulkinder heute
Auswirkungen veränderter Kindheit auf Unterricht und Schulleben.
130 S. Br. DM 36,– / öS 266,– / sFr 36,–
ISBN 3-407-62160-4

Irmintraut Hegele (Hrsg.)
Lernziel: Freie Arbeit
Unterrichtsbeispiele aus der Grundschule.
181 S. Br. DM 36,– / öS 266,– / sFr 36,–
ISBN 3-407-62105-1

Irmintraut Hegele
Lernziel: Offener Unterricht
Unterrichtsbeispiele aus der Grundschule.
157 S. Br. DM 36,– / öS 266,– / sFr 36,–
ISBN 3-407-62184-1

Hanna Kiper / Annegret Paul
Kinder in der Konsum- und Arbeitswelt
Bausteine zum wirtschaftlichen Lernen.
Mit Illustrationen von Andrea Ridder und einem Beitrag von Sabine Knemeyer.
198 S. Br. DM 38,– / öS 281,– / sFr 38,–
ISBN 3-407-62311-9

Klaus-Dieter Lenzen
Erzähl' mir k(l)eine Märchen!
Literarische Ausflüge mit Schulkindern.
125 S. Br. DM 34,– / öS 252,– / sFr 34,–
ISBN 3-407-62175-2

Christine Mann
Selbstbestimmtes Rechtschreiblernen
Rechtschreibunterricht als Strategievermittlung.
VIII, 77 S. Br. DM 32,– / öS 237,– / sFr 32,–
ISBN 3-407-62134-5

Brunhilde Marquardt-Mau / Rudolf Schmitt (Hrsg.)
Chima baut sich eine Uhr
Dritte-Welt-Erziehung im Sachunterricht: Thema Zeit.
151 S. Br. DM 36,– / öS 266,– / sFr 36,–
ISBN 3-407-62128-0

BELTZ

Preisänderungen vorbehalten

Beltz Verlag · Postfach 100154 · 69441 Weinheim

B0047A

Reihe »Werkstattbuch Grundschule«

Herausgegeben von Dieter Haarmann (Auswahl)

Hartmut Mitzlaff (Hrsg.)
Handbuch Grundschule und Computer
Vom Tabu zur Alltagspraxis.
348 S. Br. DM 54,– / öS 400,– / sFr 53,50
ISBN 3-407-62199-X

Ulf Mühlhausen
Überraschungen im Unterricht
Situative Unterrichtsplanung.
257 S. Br. DM 48,– / öS 355,– / sFr 47,50
ISBN 3-407-62192-2

Christa Röber-Siekmeyer
Die Schriftsprache entdecken
Rechtschreiben im offenen Unterricht.
226 S. Br. DM 46,– / öS 340,– / sFr 45,50
ISBN 3-407-62167-1

Charlotte Röhner
Authentisch Schreiben- und Lesenlernen
Bausteine zum offenen Sprachunterricht.
120 S. Br. DM 32,– / öS 237,– / sFr 32,–
ISBN 3-407-62314-3

Helmut Schafhausen (Hrsg.)
Handbuch Szenisches Lernen
Theater als Unterrichtsform.
108 S. Br. DM 32,– / öS 237,– / sFr 32,–
ISBN 3-407-62197-3

Heinz Schernikau / Barbara Zahn (Hrsg.)
Frieden ist der Weg
Bausteine für das soziale und politische Lernen.
204 S. Br. DM 42,– / öS 311,– / sFr 41,60
ISBN 3-407-62129-9

Adelheid Staudte (Hrsg.)
Ästhetisches Lernen auf neuen Wegen
173 S. Br. DM 39,80 / öS 295,– / sFr 39,80
ISBN 3-407-62172-8

Renate Vercamer
Lebendige Kinderschule
Offener Unterricht im Spiegel einer Klassenchronik.
151 S. Br. DM 34,– / öS 252,– / sFr 34,–
ISBN 3-407-62315-1

Dagmar Wehr
»Eigentlich ist es etwas Zärtliches«
Erfahrungsbericht über die Auseinandersetzung mit Sexualität in einer dritten Grundschulklasse.
84 S. Br. DM 29,80 / öS 221,– / sFr 29,80
ISBN 3-407-62168-X

Hildegund Weigert / Edgar Weigert
Schuleingangsphase
Hilfen für eine kindgerechte Einschulung.
153 S. Br. DM 36,– / öS 266,– / sFr 36,–
ISBN 3-407-62127-2

Hildegund Weigert / Edgar Weigert
Schülerbeobachtung
Ein pädagogischer Auftrag.
126 S. Br. DM 36,– / öS 266,– / sFr 36,–
ISBN 3-407-62171-X

Ingeborg Wolf-Weber / Mechthild Dehn
Geschichten vom Schulanfang
»Die Regensonne« und andere Berichte.
127 S. Br. DM 29,80 / öS 221,– / sFr 29,80
ISBN 3-407-62174-4